服装设计
方法与程序研究

张金滨　郭晓芳　编著

中国纺织出版社有限公司

内 容 提 要

服装设计中，设计者为了更加充分、准确地表现自己的设计想法，需要用各种设计方法来诠释自己的作品，使作品生动和个性，并给人留下深刻的印象，达到感人的效果。本书共分为四章，前两章阐述了服装设计基础知识与服装设计方法，为读者构建清晰、有效的服装设计脉络，提供服装设计的思路与方法。后两章结合多年的教学经验和课堂实例，对服装设计程序进行总结，同时，立足于艺术与设计学视角，运用多个设计个案呈现对服装设计方法多角度的思考，展现服装设计新范式，以期能够为服装设计从业者提供创新创意之道。

图书在版编目（CIP）数据

服装设计方法与程序研究 / 张金滨，郭晓芳编著． 北京：中国纺织出版社有限公司，2024.8．--（设计学一流学科建设理论研究丛书 / 李少博，韩海燕，高颂华主编）．--ISBN 978-7-5229-1909-6

Ⅰ.TS941.2

中国国家版本馆 CIP 数据核字第 2024TB7027 号

责任编辑：华长印　王思凡　　责任校对：寇晨晨
责任印制：王艳丽

中国纺织出版社有限公司出版发行
地址：北京市朝阳区百子湾东里 A407 号楼　邮政编码：100124
销售电话：010—67004422　传真：010—87155801
http://www.c-textilep.com
中国纺织出版社天猫旗舰店
官方微博 http://weibo.com/2119887771
北京华联印刷有限公司印刷　各地新华书店经销
2024 年 8 月第 1 版第 1 次印刷
开本：710×1000　1/16　印张：11.5
字数：145 千字　定价：98.00 元

凡购本书，如有缺页、倒页、脱页，由本社图书营销中心调换

总序

习近平总书记于2021年在清华大学考察时强调,美术、艺术、科学、技术相辅相成、相互促进、相得益彰。设计已超越了传统的"美化"定义,进而转变为"造物",更深层次的则是"谋事",这反映了人类对自身环境进行塑造的能力与意识,属于物质文化创造活动的重要组成部分。在边疆民族地区,设计不仅要传承文化,更要挖掘地区特有的"设计智慧",为社会创新发展、生态环境安全等时代课题与国家战略注入前所未有的活力。

"设计学一流学科建设理论研究"丛书是由中国纺织出版社有限公司与内蒙古师范大学设计学院联合策划的一套设计研究丛书。该丛书紧扣"设计为时代、为民生"的新时代使命,从设计学角度探讨社会发展战略所涉及的理论问题和创新实践,总结了内蒙古师范大学设计学院近年来在服务区域社会的设计教学、设计研究和设计实践工作,展现了设计学科在面对时代课题、国家战略时的理论自觉与实践能动性。

本丛书涵盖了设计学的基本理论、专业实践以及服务社会的学术问题与方法论,展示了内蒙古成立最早、专业最全的设计学院在设计学领域的最新学术成果,体现了对交叉学科设计学现实与未来发展的理解和探索。这套丛书的出版,旨在为新时期内蒙古设计学研究的发展与繁荣注入新的活力,丰富其内涵。它将有助于完善边疆民族地区设计学科的理论体系,推动民族地区设计学研究的进展以及高等教育改革,并引领内蒙古设计走向世界,面向未来,发挥积极的作用。

内蒙古师范大学设计学院院长
李少博
2024年6月

前言

作者在执教近20年时光中，不断地探索与思考，不断地学习新的知识，不断地积累与进步，终形成了可以撰写本书的第一前提条件。在课堂教学及多年教学经验积累的基础上，完成了本书内容。

目前，服装设计是一个特别宽泛的内容，需要从业者不断地更新观念，时刻接触不同的领域与行业，以使设计灵感得到充足的拓展。本书运用理性思维分析设计，呈现理性的设计思考与实践，具体表现在：一，从服装设计基础知识、服装设计方法、服装设计程序到服装设计个案分别进行细致的阐述，不仅提供了具体的设计思路方法，还配有详尽的文字解析可供参考；二，条理清晰地呈现了服装设计程序一般包含的设计选题、设计主题、设计过程、样衣试制、成衣实现5个部分，但是，这5个部分视具体情况不同也会有所增减，因而书中提出的服装设计程序在实际设计中应灵活应用。

服装设计的方法与程序至关重要，实际设计中，科学合理的服装设计方法与程序能够帮助设计者快速进入设计的状态，厘清设计动向。因此，作者在日常教学中，较为注重对服装设计方法和程序的思考与探索。但是，因能力有限，还存在不足之处，日后将继续对服装设计方法与程序的宽度与深度进行进一步的探究。

书中所展现的范例、个案均为作者工作室同学作品，有成衣呈现，也有线稿和效果图呈现，更有设计过程的记录，案例清晰、明确，可参考性强。但是，因设计与制作时间紧迫，难免有不尽如人意之处，望与广大读者交流。

张金滨　郭晓芳
2022年6月

目录

PART 01 第一章 服装设计基础

- 002 —— 第一节 服装设计概述
- 003 —— 第二节 服装设计体系分类
- 004 —— 第三节 服装设计品类
- 006 —— 第四节 服装设计效果图
- 008 —— 第五节 服装设计平面款式图

PART 02 第二章 服装设计方法

- 014 —— 第一节 服装款式要素与设计
- 031 —— 第二节 服装材料与设计
- 045 —— 第三节 服装图案与设计
- 070 —— 第四节 服装风格与设计

PART 03 第三章 服装设计程序

080 —— 第一节 服装设计程序建构框架

081 —— 第二节 服装分类设计与程序

PART 04 第四章 服装设计个案

128 —— 第一节 服装款式自主设计个案

129 —— 第二节 服装系列自主设计个案

147 —— 参考文献

149 —— 附录

175 —— 后记

PART 01

第一章 服装设计基础

作者在多年的教学过程中，经常遇到家长、学生及社会人士等问同样的问题："如何学习服装设计。"作为初学者，学习服装设计时，除需要掌握最基本的专业知识外，还应学习其他各方面的知识，汲取养分，塑造自己高尚的灵魂。当然，大学里的学习以主动性学习为主，但这也并非只局限于课堂学习中，旅游、游学、看展览等，都是学习的有效方式。以旅游为例，古有"远游观"，"父母在，不远游，游必有方"。从"游必有方"来看，"远游观"是秉持中庸原则的，这一点从孔子带领弟子周游列国的行为中就能够体现。同样学习服装设计可通过游历过程遍览山水名胜，领略人文景观，从而提高审美意识，丰富自身情感。由此，可有意识地选择那些能够激发旅游者乐观、积极、坚毅、奋进等情绪的旅游资源，如革命遗迹、历史遗址、名山大川、文化胜地等，这些景点在主题形象的打造上，尽显地方文化和民俗特色，从而培养人间大爱的文化素养与"比德观"。总之，后天的培养与自我塑造是学习服装设计者的必修课之一。

第一节

服装设计概述

一、对服装设计的理解

一般情况下,服装即指人们穿着的衣服,通常具有满足保暖、遮羞、修饰形象等功能。随着社会发展及人们生活水平的提高,服装被赋予更深刻的含义,承载着着装者的知识、修养、审美等内在品质,且行业、职业、场合等方面不同则需要穿着不同类型的服装。因此,服装作为生活必需品,需要按照一定的构思来规划与设计,以满足各类社会需求。由此可见,服装设计不仅是对服装视觉要素的设计,更是对着装者生活方式、喜好等方面的满足。

二、关于着装动机的学说

(一)端庄说

众所周知,服装文化伴随人类文明发展而发展,是人类社会发展到一定阶段的产物,当人类祖先有了一定的高级思维,开始夏季将树叶、冬季将兽皮穿在身上时,这可谓是人类社会最早的穿衣行为。针对这一行为,有学者提出"人类最早的穿衣动机是什么"这一问题,端庄说认为人类早期穿衣的主要目的是遮蔽隐私部位。

(二)不端庄说

有端庄说,必然会有持批判思维的说法出现,如侧重研究"不端庄"或性吸引力的心理学家爱德华·亚历山大·韦斯特马克(E.A.Westermarck)认为人类穿衣不只因为遮蔽,还会借以展示身体,吸引他人注意。

（三）装饰说

对于着装的目的，还有一种分析，是因为出于美化。这种对美的追求，是一种对身体的外观美化管理。

另外，更早的理论还有赫尔曼·施赖贝尔（Hermann Schreiber）在其著作《羞耻心的文化史》中提出服装的起源有装饰说、保护说和气象说。

第二节
服装设计体系分类

一、话语式设计

以概念表达为主，不以追求解决实际问题为目的。譬如设计选题为"民生、煤炭、环境居住、生态发展、创意产业、公共艺术、视觉媒体"等，这类的服装设计可归于话语式设计，它们虽然看似不能解决实际的问题，但是，可以构建基于服务社会公共文化建设而展开的时尚创意设计的理论基础。特色是立足空间关系、心理学、材料学、生理学、生态学、社会学等学科前沿。

二、责任式设计

责任式设计是立足于对当下社会比较热门的人工智能、人机互动、3D技术、虚拟现实的思考，以利用高科技技术解决实际问题为目标，特点是互联、数据、创新、转型、集成。例如目前已经发明设计的随着穿着者心情变化而变色的服装，可以测试血压的T恤，可用于休闲、跑步的旗袍及多功能病号服等，这类设计可为当今服装设计提供一种新的思路，也为貌似只是用于军事领域等特殊场合的服装进入普通大众的视野提供了一种可能。

三、微观设计

微观设计立足服装本体，基于纺织材料，着重研究服装传统要素，如面料、色彩、款式、结构、工艺等常规服装语言，开展服装款式设计与工程技术及面料的交叉研究。

四、响应式设计

围绕国家战略及学科方向等，开展一系列设计活动，如"非遗"与服装创新设计、"民族技艺"活化与服装创新设计，"思政进课堂"与服装创新设计等。

第三节

服装设计品类

一、成衣

成衣是20世纪出现的按照一定的规格、号型标准批量生产的衣服，是一种相对于量身定制、手工缝制而言的服装类别，它属于大众生活化服装，包括生活着装、行业着装等。如旅游、散步、慢跑、居家、约会、日常劳作等生活场合穿着的服装（图1-1），还有用于航空、银行、商场等职场的职业装。成衣批量生产，价位适中，社会需求量大，适用于现代服装生产方式。

二、高级成衣

高级成衣属于成衣的范畴，但是其设计原创性强、小批量生产、价位比成衣高，主要顾客为收入较高的人群，在面料、工艺制作及设计细节上高级成衣比成衣更为讲究，代表品牌主要有高田贤三、三宅一生、缪缪（Miu Miu）等。高级成衣可谓是社会发展的必然产物，体现着社会、科学技术、生活水平的嬗变与发展，是涉及人们的生活方式、审美观念的商品。

图1-1　成衣设计图

三、高级时装

高级时装，也称高级女装、高级定制，最早诞生于法国。19世纪英国人沃斯（Worth）在法国开设了时装屋，他的时装屋在当时主要服务于宫廷达官贵人，因此也被称为高级时装屋。现在高级时装主要指由奢侈品品牌设计、研发、出售的礼服类产品，如香奈儿（Chanel）、路易·威登（Louis Vuitton）、阿玛尼（Armani）等品牌每年发布会中的礼服类服装（图1-2）。

（a）礼服1　　　（b）礼服2

图1-2　高级时装设计图

第四节

服装设计效果图

服装设计效果图常采用手绘或电脑计算机软件完成，采用不同的表现形式，各有其特色。通常是需要表现出服装穿在人体上所呈现出来的效果。目前，诸多效果图绘制得都特别仔细、细腻，服装的细节设计、面料质感等都被清晰地表达出来（图1-3）。可以看出，服装设计效果图对绘画技艺要求较高，同时也需要设计者或绘画者具有耐心、细心等品格。

（a）裘皮服装设计效果图举例

（b）创意服装设计效果图举例1

(c)创意服装设计效果图举例2

图1-3　服装设计效果图举例

服装设计效果图绘制过程中，人模动态的选择至关重要，人物动态选择恰当可使服装设计效果图的视觉效果与众不同（图1-4）。其不单是把服装本身各个视觉要素具体呈现出来，实质上更是个人审美、观念的体现。

(a)注重动态的服装设计效果图举例1

(b)注重动态的服装设计效果图举例2

图1-4　注重动态的服装设计效果图

第五节
服装设计平面款式图

服装设计平面款式图的基本规范是设计者或者绘画者明确地画出款式的细节，如省道、分割线、缝边等细节元素[图1-5（a）~图1-5（d）]，甚至还可以将款式细节的尺寸加以标注[图1-5（e）]。绘制服装设计平面款式图可手绘也可借助计算机软件完成，目前通常使用计算机Adobe Illustrator软件绘制完成，这一软件绘制款式图较为便捷、快速且绘制的线条较为流畅。

（a）Adobe Illustrator款式图1

（b）Adobe Illustrator款式图2

（c）Adobe Illustrator款式图3

(d) Adobe Illustrator 款式图 4

(e) Adobe Illustrator 款式图 5

图1-5　Adobe Illustrator 款式图

服装设计中，款式图绘制通常与服装设计效果图相对应，即平面款式图的绘制应还原效果图的整体感觉及细节（图1-6~图1-8），款式图与效果图契合度要求较高，对平面款式图的绘制要求标准、规范、专业。

(a) 款式图

图1-6

（b）效果图

图1-6 《巢》系列设计的款式图与效果图对比

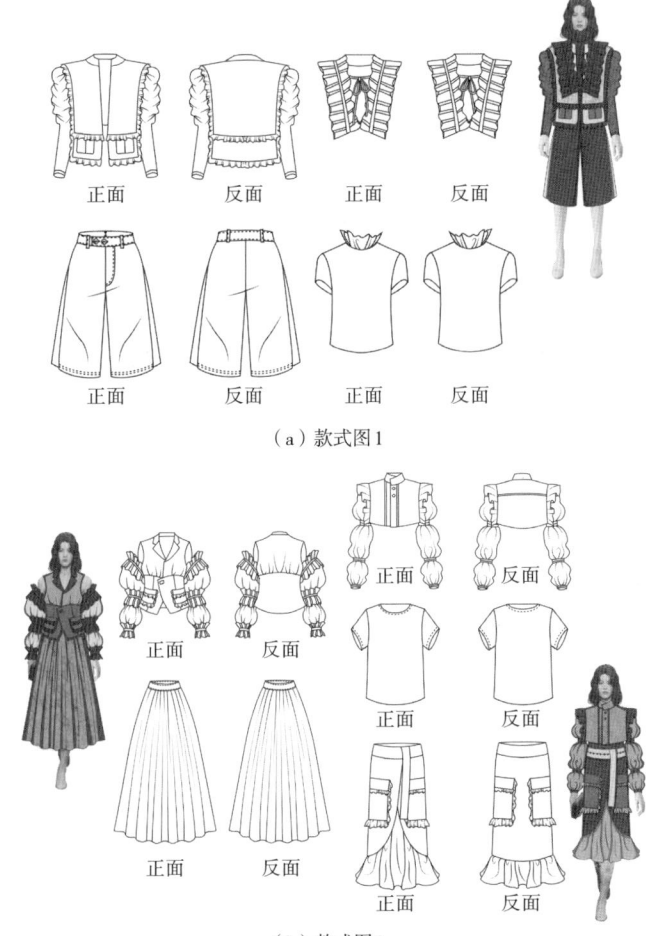

（a）款式图1

（b）款式图2

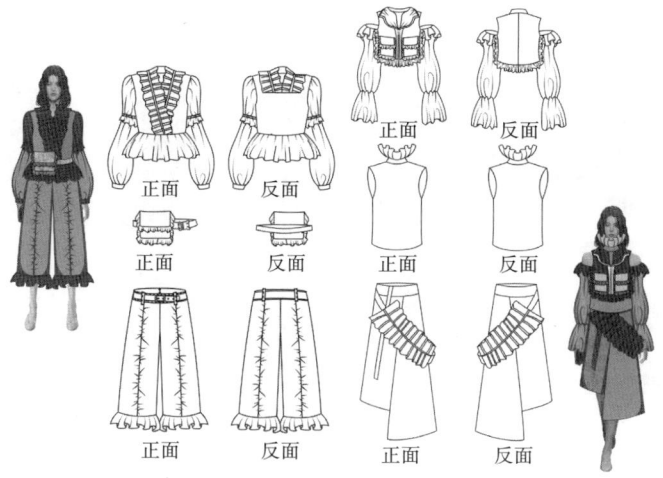

(c) 款式图3

(d) 效果图

图1-7 *The acme* 系列设计的款式图与效果图对比

(a) 款式图

（b）效果图

图1-8 《同歌》系列设计的效果图与款式图对比

PART 02

第二章 服装设计方法

服装作为可观看、可触摸的实际存在的客观物质,必然有它的构成要素。构成一款服装的要素有款式、材料、图案、风格、色彩、制作工艺、设计元素、结构等。当对这些要素其中的一个或者几个进行了设计突破,这款服装也就具备了设计感,言外之意,当判断一款服装是否具有设计感,首先需要寻找服装上的创意点,有创意点的服装也就具有了设计感。创意点可能表现在款式上,也可能表现在色彩、面料等方面。图2-1(a)的创意表现在胸部设计上,胸部的立体造型比较少见;图2-1(b)的创意则是表现在衣袖的设计造型上,很好地传达了设计感。

(a)衣身设计　　(b)衣袖设计

图2-1　创意点举例

第一节

服装款式要素与设计

一件衣服抛去色彩与面料所呈现出来的样式,即为服装款式,如图2-2所示。以上装为例,构成款式的主要要素可分为衣领、衣袖、门襟、口袋、外轮廓,款式设计中,设计点可以是衣领或衣袖或其他要素的创意,也可以是多个要素的创意。如图2-2(a)中,此款外套的设计点便是衣领、衣袖、门襟与衣身;又如图2-2(b)中,此款连衣裙的设计点则是衣身上褶的设计。

(a)多个要素的创意　　(b)褶的设计

图2-2　服装款式要素与设计举例

一、衣领设计

衣领是覆盖于人体颈部的服装部件。从整体与局部的角度来看,服装本身是一个整体,构成这个整体的领子、袖子、口袋等部件,都称为局部,它们从不同的方面、角度组合成为一个整体,体现服装的整体效果,而领子是这些局部中的"龙头"。所谓"领袖",先"领"而后"袖",足可见领子在整件上装单品中有着举足轻重的地位。

(一)衣领的发展历程

服装上为什么有衣领,起初主要是为了方便穿脱。在我国,最古老的衣服当属贯头衣,贯头衣产生于我国新石器时期,衣服的形式是自肩至膝,上下平齐,无领无袖,制作简单,由两块布拼合而成,袖窿与衣领部位留口,如

图2-3所示。沈从文在《中国古代服饰研究》一书中对贯头衣描述为"上部中间留口出首"。其"中间留口"便是早期衣领的雏形,"出首"则是衣领出现的主要原因。

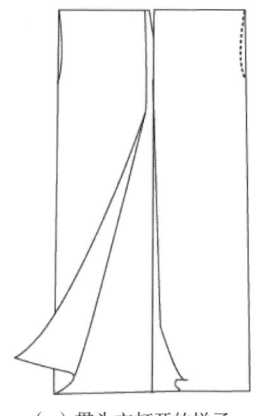
（a）贯头衣打开的样子

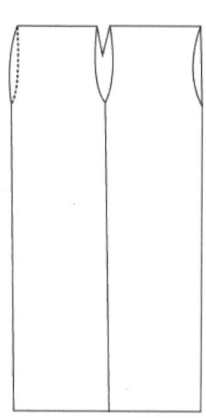
（b）贯头衣对合的样子

图2-3 贯头衣

中国服装发展历程中,春秋战国及秦汉时期,上至皇室贵族,下至黎民百姓均穿右衽交领深衣,如图2-4所示,这种服装极具特色,穿着时通常搭配里衣,里衣的领子高度由内至外逐渐递增,从外观上看非常具有美感。

魏晋南北朝时期,民族融合成为主流,各民族的相互融合促进了服装发展的多样性,衣领出现了左右衽并存及多种形式的情况。其中,西北游牧民族的翻领随着魏晋南北朝时期的社会发展状况而传入中原地区,丰富了这

图2-4 交领深衣

一时期的衣领形制,为之后翻领在中原地区的发展奠定了基础。

隋唐时期,除了我们熟知的低领襦裙,带翻领的胡服成为当时最明显的潮流,尤其唐代是历史上繁荣开放的时期,史料记载："天宝初,贵族和士民好为胡服胡帽",胡服极大地丰富了唐朝的衣裙款式。

宋代服装没有唐代艳丽奢华,趋于保守、素雅,当时具有代表性的当属褙子。褙子依据穿着场合分为礼服式、便服式和常服式,其通常为通襟、无领、没有绳带与纽扣,朴素、简洁。

元代衣冠服饰"近取金宋,远法汉唐",贵族及官吏服装一律改为交领右衽。

明代中期女性服装出现包裹住脖颈的对襟立领和立翻领，并装饰精美的金属扣饰，这成为明代女性服饰的一大特点。

清代服装衣领有立领、立翻领、无领，并注重对领面及其周围的装饰，如镶百蝶刺绣边等。

民国时期，受西风东渐影响，西装领逐渐流行起来。

现代社会，服装衣领更是呈现多样性特征。

（二）衣领与社会风尚

社会环境影响着人们的着装样式，不同的服装样式反映出社会形态、社会审美风尚的不同。如汉代的"深衣"，衣领为交领，领面低，以便露出里衣的衣领，在衣领部位形成层叠的美感，这样的衣领设计体现出两汉时期社会经济发展、文化进步、祥和稳定的社会形态；又如前文提到的旗袍、西服的出现都是与社会风尚有关；今天，我们处于开放的社会形态中，服装衣领不拘泥于哪种形式，呈现百花齐放的风貌。

（三）衣领的作用

一般情况下，衣领对颈部起保护作用，如蒙古袍上的立领，夏季防虫蚊叮咬，秋冬季防寒、防风沙。除此之外，衣领还具有凸显颈部美感、修饰面部的装饰作用，如通常方脸、大脸的人群适合穿西装领的上衣。衣领处在人们视觉范围内的敏感部位，可谓是上衣设计的重点。另外，服装对于人这一个体来说，具有向他人传达个人社会地位、职业、自信心及其他个性特征等功能，而服装衣领是体现服装整体效果的重要保证。因此，我们有必要掌握衣领设计要点。

（四）无领设计

无领，是一种没有领身，只有领圈线的领型。无领主要包括一字领、V字领、圆领、方领等，结构比较简单，但不同的领圈线形状、装饰、工艺等视觉要素对服装造型的视觉效果影响很大。

1. 对衣领本身造型线的设计

无领的造型线即其领圈线，在设计无领时可改变领圈线的形态，如在宽度、深度、形状及角度上设计变化。如图2-5所示，以领圈变化为设计突破点，通过领圈线的形状变化达到设计目的。另外，也可以通过改变领圈线的位置及结合其形状变化，从而达到设计要求，如图2-6所示。在图2-6中，设计者改变了领圈线的位置与形状，虽然看似十分简单，却提升了整款服装的品质。

2. 依据形式美原则设计

服装形式美原则主要包括比例、对称、夸张、节律、主次、多样与统一等。服装中大到外廓型设计，小到单个细节设计，都可遵循形式美原则展开。例如可运用反复、节奏审美原则将领圈边缘处作可抽缩的设计，时尚又别致。

3. 对衣领的装饰设计

进行无领设计，可对领圈周围进行装饰，犹如清代旗装的设计手法。现代装饰设计手法有贴边、绣花、镂空、拼色、加褶等，如图2-7所示。在图2-7中，设计者利用金属扣装饰手法使该款无领造型在视觉上更加美观、耐看。

图2-5　无领形状设计　　图2-6　无领位置与形状设计　　图2-7　无领装饰设计

另外，领圈比较大的领型，可以设有开衩设计，若领圈较小且面料没有弹性，则必须设置开衩，以便服装穿脱，所以开衩也可以是无领设计考虑的内容，开衩的形态、制作工艺等，都可以成为设计的切入点，如图2-8所示。在图2-8中，设计者改变衣领的位置，是一款较具有创意的无领设计。以此类推，在设计无领时，思路可以再打开一点，可将衣领与衣身及衣袖设计当作一个整体，而不是当作一个独立的部件。如图2-9所示，设计者将上衣衣领与衣身及左袖设计成为了一个整体，右袖则是无袖的基础款，这既形成了设计上的对比效果，也能较好地完成结构创意设计。

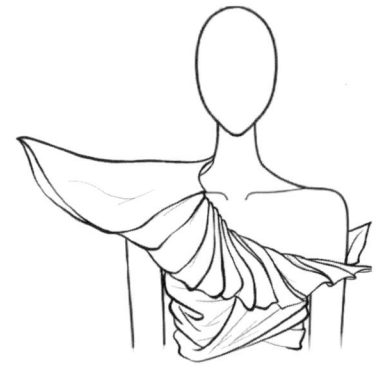

| 图2-8　无领位置设计 | 图2-9　无领与衣身、衣袖相结合的设计 |

4.无领设计实践范例

图2-10（a）以荷叶为灵感来源设计无领，表现女性的柔美。图2-10（b）使用铁链、绑带、抽褶元素，突出一种束缚感。图2-10（c）将柔软的布料与硬朗的铆钉相结合，体现女性外柔内刚的特质。图2-10（d）领口设计成水波状，同时点缀大小不一的水钻，契合女性柔情似水的品格。

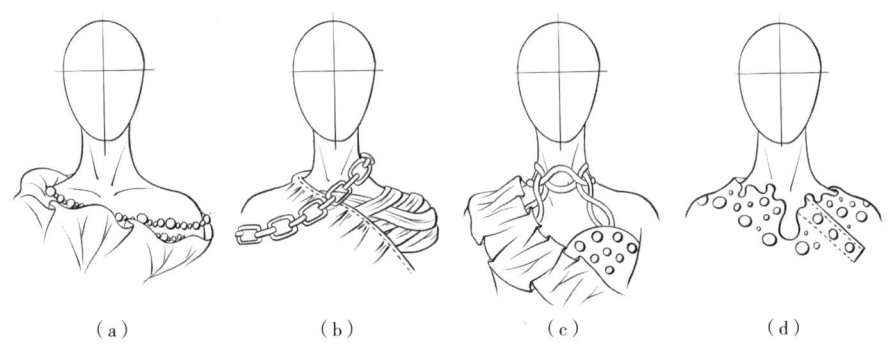

（a）　　　　　　（b）　　　　　　（c）　　　　　　（d）

图2-10　无领设计实践线稿图

（五）立领设计

立领，是指领面立起来的领型，防风保暖的功能极强。其特点是符合人体颈部结构，给人端庄、典雅的美感，我国传统的旗袍均属此类，我国少数民族服饰上也常有立领的应用。

1.改变领圈线

立领的领圈线是指衣身上的领圈线，常规领圈线与人的颈部维度相吻合，设计过程中，设计者可以把领圈线在横向或纵向上扩大或缩小，这样立领整体来看就具有了设计感。

2.改变领面造型

领面是立领的主体，变化空间也较大。可以改变领面上口线的形状，比如将其设计成弧线形、直线形、折线形、不对称形、不规则形等。如图2-11所示，设计者改变了立领领面上口线的形状，极具设计感。除此之外，设计者还可以通过改变领面的形态，比如增加其高度、结合平面与立体、变化其直立状态等，进而使其具有设计感。

3.改变开口的位置和数量

为了穿脱方便，常会在衣身前中或其他部位进行开口设计，开口的位置及造型也是立领设计的一个要素。开口位置可在侧、后、前等围绕于颈部的任何位置。如图2-12所示，设计者改变了开口的常规位置与形状，这一细节设计使该款立领具有了设计感。也可以对开口的扣合方式进行创新，开口的扣合有不扣合、拉链、扣子、系带等方式。

此外，如图2-13所示，设计者采用加法，通过增加领面高度来完成设计。

 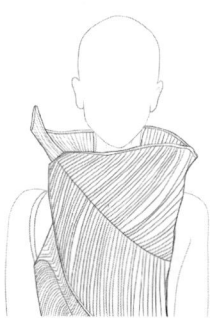 

图2-11 立领上口线设计　　图2-12 立领开口设计　　图2-13 立领领面高度设计

4.立领设计实践范例

图2-14（a）将斗篷领、毛衣高领相结合，华丽、时尚。图2-14（b）毛衣高领与传统交领的融合设计，形成横贯古今的穿越感。图2-14（c）仿照丝巾的系法，增加衣领的美观度。图2-14（d）水波纹、水滴纹、莲花纹组合设计，呈现女性的端庄、柔美，出淤泥而不染的品质。

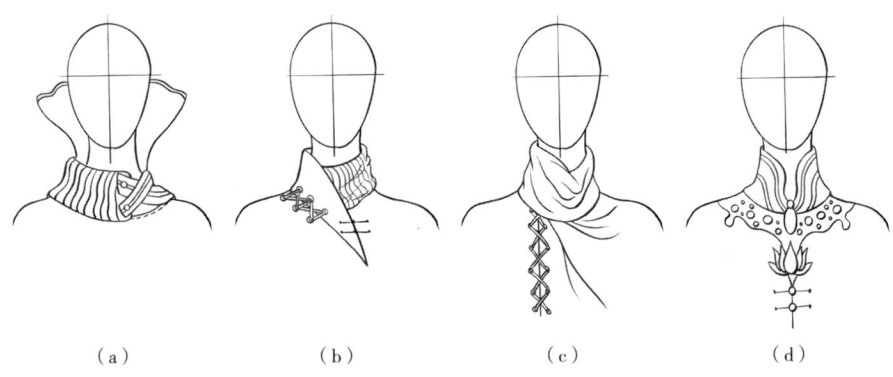

（a） （b） （c） （d）

图2-14 立领设计实践线稿图

（六）翻领设计

翻领，通常是指衬衫领，主要特点是领面围绕于颈部、向外翻折。翻领按照有无领座可分为无座翻领与有座翻领两类。其中有座翻领的领座类似立领，所以领座的设计思路与方法可以参考立领的设计思路与方法。下面重点分析翻领部分的设计思路与方法。

1.改变领面外缘线的形状

翻领领面是其设计的重要突破点，领面的外缘线形状改变，领面的宽度也可随之改变，当然也可以考虑领面与衣身的关系等。如图2-15（a）所示，翻领的设计点依旧聚焦于领面外缘线的形状和领面的大小，同时打破衣领就是围绕于颈部的惯性思维。此外，还可以通过捏褶，使其更具有质感，进而达到设计需求，如图2-15（b）所示。

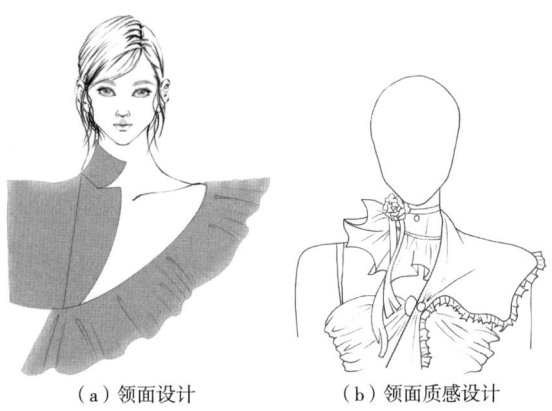

（a）领面设计　　　　（b）领面质感设计

图2-15 翻领设计

2.对衣身上的领口进行设计变化

如领口横向变大、纵向加深、领口的形状变化或者以上思路与方法综合运用等。

3.改变开口的位置及形态

翻领有前开、侧开、后开等位置的变化，还有系扣、拉链、系带等不同扣合方式的设计与选择，在设计过程中都可考虑。

4.翻领设计实践范例

图2-16（a）以蝴蝶为灵感，表现对称美。图2-16（b）毛皮材料与交错的丝带并置设计，传达面与线的设计语言。图2-16（c）不对称的设计手法，生动、活泼、俏皮。图2-16（d）改变对称领口，毛皮材料与牛仔面料进行材料重组设计。

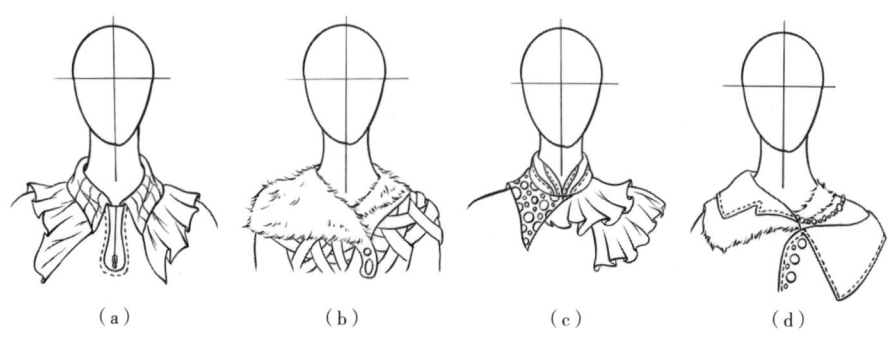

图2-16　翻领设计实践线稿图

（七）翻驳领设计

翻驳领，是平铺于胸前的衣领，领面向外翻折，分为上领与下领，这两个领子可能是连在一起的，也可以是分开的，常被叫作西装领。翻驳领是一种开放形衣领，通风、透气，应用范围较广。

1.参考翻领设计

因为翻驳领是由上领即翻领，下领即驳领构成，因此，在设计翻驳领的时候，上领的设计思路与方法可以参考翻领。

驳领与衣身连在一起，所以翻折线不能做设计，又因为驳领也是一个领子，所以其领面可以如同翻领一样可加宽、变窄、拉长、改变外形；还可以与领面连接，也可以不连接，更可以增加驳领数量、改变串口线的位置等。如

图2-17中，设计者利用线迹装饰的手法，突出驳领设计，具有参考价值。

2.翻折点的设计

翻折点也叫驳口点，其位置决定了翻驳领的领深。翻折点的设计，垂直位置最高可以到颈侧点，最低可以到服装的下摆线，水平位置可以在衣身的任意位置，所以翻折点的设计非常灵活。如图2-18所示，翻驳领的翻折点的位置在人体侧面上，正因为翻折点位置的改变，使该款翻驳领设计感十足，十分具有创意。

图2-17 驳领设计

3.串口线的设计

串口线是翻领与驳领连接的一条共用的造型线，其位置、角度、长短等都是设计可选择的设计切入点。如果没有串口线，即翻领与驳头完全连在一起，习惯上称为青果领，设计思路与方法可以参考前文分析。

图2-18 翻折点位置设计

4.翻驳领设计实践范例

图2-19（a）添加盘扣，表达中西合璧的感觉。图2-19（b）增加领面，加强装饰美感。图2-19（c）通过使用皮草材料，增加视觉美感。图2-19（d）选用不对称设计，体现不对称美学。

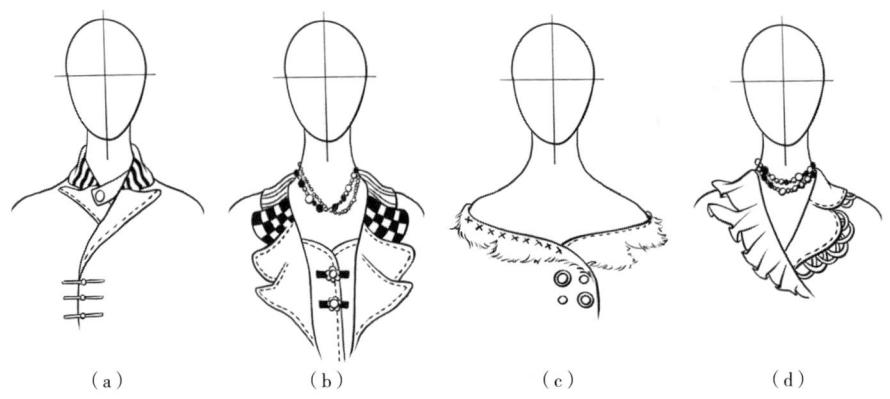

（a） （b） （c） （d）

图2-19 翻驳领设计实践线稿图

（八）主题性衣领设计

进行衣领设计，除上述思路与方法外，还可以运用主题法进行设计与思考，这一类型衣领设计通常可先确定主题，再围绕这一主题通过衣领造型呈现其理念、特征等。

二、衣袖设计

衣袖是衣服套在胳膊上的筒状部分，衣袖的造型变化是服装款式变化的重要标志。衣袖的款式类型繁杂，分类依据也较多，若依据衣片与袖片的组合关系可将衣袖分为无袖、连衣袖、插肩袖和装袖。

（一）无袖设计

无袖，顾名思义没有袖片的衣袖，无袖只有一条袖窿弧线，因此可以对袖窿弧线本身进行设计改变，如袖窿弧线的位置、形状，可以去思考可变化到什么程度，当然也可以在袖窿弧线不变的情况下，在上面进行附加设计或者在其周围进行装饰设计，更可以结合无领来进行设计思考。

无袖设计实践范例，如图2-20所示。图2-20（a）通过附加装饰，体现对无袖设计的理解。图2-20（b）向上加长袖窿弧线，以此强调无袖的设计感。

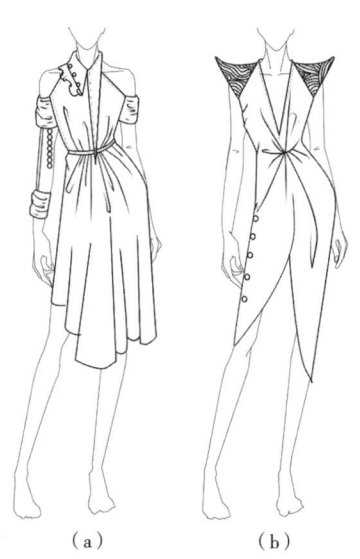

图2-20　无袖设计范例线稿图

（二）装袖设计

装袖是服装另外装上去的袖子，与衣身在臂根处缝合，因此可以通过改变袖窿弧线、改变袖口的形态、附加装饰等进行设计表达，都可以得到具有设计意味的装袖款式。

1. 改变袖窿弧线

袖窿弧线是衣袖设计中重要的设计要素之一，对其形状、长度、位置进行变化设计，都可产生较强的设计效果。如图2-21所示，具有较明显的袖窿弧线下移的效果，衣袖亦因此具有了设计感。

2. 改变袖口的形态

袖口设计变化也会影响衣袖的整体效果。如图2-22所示，设计者将衣袖的袖口设计成前短后长的效果，并做了层次设计，这不失为一种有效的设计手段与方法。

3. 附加装饰

基于衣袖造型，可以在袖身整体或局部进行装饰性设计。如图2-23所示，设计者在衣袖的外轮廓线上进行了褶的装饰，衣袖因此具有了一定的设计效果。值得注意的是，在运用装饰手法时，首先需要考虑装饰材料，即选择什么材料进行装饰，如亚克力、绸缎等，然后考虑装饰布局设计，以便更好地达到设计效果。

图2-21　袖窿弧线设计　　图2-22　袖口设计　　图2-23　附加装饰设计

装袖设计实践范例如图2-24所示。图2-24（a）结合细节设计，通过改变袖型，实现装袖设计创新。图2-24（b）加长袖长及附加面状的褶皱装饰，以此凸显装袖的设计感。

（三）连衣袖设计

图2-24　装袖设计实践线稿图

连衣袖，顾名思义是衣袖与衣身相连的袖子，也是最具中国气质的袖型。当然，连衣袖也可以用于现代服装，能够给人一种婉约、柔美的视觉感受。在进行连衣袖设计时，首先需要抓住连衣袖的基本特点，即衣袖与衣身是相连的，在臂根处没有分割线。当抓住这个特点，就可以任意地发挥设计创造力了。如图2-25所示，设计者在立足于连衣袖基本特征基础上，对袖身的外轮廓线进行了形状的变化设计，袖身的外轮廓线由顺滑的弧线变为凹凸的曲线，使整款袖子看上去廓型感很强，很有意味。除此之外，还可以借鉴装袖的设计思路与方法，如改变袖口的造型、附加装饰设计等，这里不再一一赘述。当然，也可以考虑衣袖能否与衣身产生链接，如何链接等问题，以问题为切入点进行设计思考，以开拓出更广阔的设计维度。另外，对袖身进行加减设计也可以成为设计思考的点。

综上，在设计连衣袖时，关键看"点子"，思考的"点子"是否新颖，是否可以把其他课程的知识点嫁接到衣袖设计中，如材料学中的三原组织编织可否用到衣袖设计中。

连衣袖设计实践范例如图2-26所示。图2-26（a）通过改变袖型，及堆褶设计，体现设计感。图2-26（b）对衣袖进行灯笼造型设计，同时附加中国结、绳带装饰，表达出设计者的设计思考。

（四）插肩袖设计

插肩袖是袖窿弧线连接到领圈线上的一种衣袖，

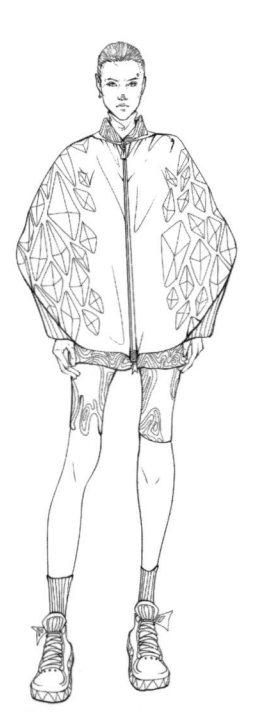

图2-25　连衣袖设计

主要特点为袖借衣身的一部分。在设计插肩袖时，抓住袖窿弧线的位置是非常重要的。除此之外，插肩袖的外轮廓线及袖口和袖身也是重点设计部位，具体思路与方法可以结合装袖、连衣袖设计思考。当然，可以将插肩袖袖身进行抽褶设计，如图2-27所示，设计者将袖身运用了褶皱元素，以使衣袖设计更具有细节感效果。

插肩袖设计实践范例如图2-28所示。图2-28（a）蝴蝶翅膀的元素，用到衣袖上，形成一半衣袖，一半在背部的装饰，造型独特。

图2-26　连衣袖设计范例线稿图

图2-28（b）改变插肩袖袖窿弧线的位置，即通过对袖身的解构设计，打破袖身的完整性，形成一种在中间通过纽扣固定的插肩袖。

图2-27　插肩袖袖身设计　　　图2-28　插肩袖设计实践线稿图

（五）依据风格定位进行设计

以上设计思路与方法是基于衣袖构成本身展开，除此之外，也可以通过定位风格的形式，进行衣袖设计。如低调奢华、朋克或迪斯科风格等，定位的风格不同，衣袖设计的视觉效果亦不同。

三、门襟设计

门襟泛指服装在人体中线锁扣眼的部位。依据纽扣的排数可分为单排扣、双排扣门襟；依据纽扣能不能被看到，可分为暗门襟与明门襟；依据门襟的位置可分为直门襟与侧门襟；依据左右门襟的互搭性，可分为对襟与搭襟；依据门襟的长度可分为半门襟与通襟。如何对门襟进行设计，可以通过改变门襟的外形（图2-29），门襟的位置（图2-30），或者同时改变外形与位置，也可以对门襟进行组合设计，对门襟进行装饰设计，还可以增加门襟的数量（图2-31）。除此之外，更可以改变纽扣的数量、排列方式及系搭方式等。

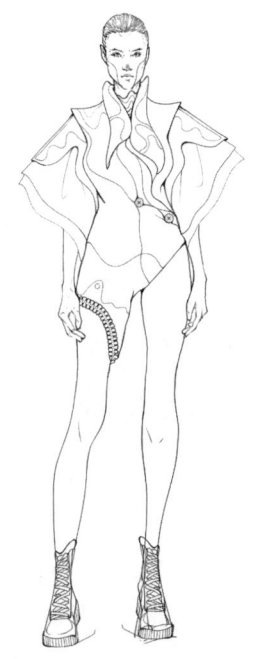  

图2-29　门襟外形设计　　图2-30　门襟位置变化设计　　图2-31　门襟数量设计

门襟设计实践范例如图2-32所示。图2-32（a）以连衣裙为载体，改变门襟的位置，从而达到设计效果。图2-32（b）通过门襟的层次设计，体现其设计感。

四、口袋设计

口袋有贴袋、挖袋、插袋和组合袋4个类型，其中贴袋分为平贴贴袋与立体贴袋，平贴贴袋又有袋盖与无袋盖之分，立体贴袋也有袋盖与无袋盖之别。口袋设计可以考虑袋盖和袋身的形状、大小、位置等方面的设计变化，也可以考虑口袋与衣身的结构关系等，如图2-33所示。

五、廓型设计

（a） （b）

图2-32 门襟设计实践线稿图

图2-33 口袋的形与细节设计

服装廓型是服装外层轮廓，又叫外轮廓、外形，亦指服装外观造型的剪影。

服装廓型形态各异，并具有一定的称谓。廓型分类不同，命名方法也不同，按字母命名，如主要有H、A、X、O、T廓型等；按几何形命名，如有椭圆形、长方形、三角形、梯形廓型等；按具体的象形事物命名，如有郁金香形、喇叭形、酒瓶形廓型等。

以字母形廓型为例，X廓型：收腰，肩部、臀部略扩张，胸部、腰部到臀部对比强烈，营造出女性形体的曲线美，可充分展示和强调女性魅力。H廓型：如图2-34（a）所示，它是一种平直廓型，它弱化了肩、腰、臀之间的宽度差异，外轮廓类似矩形，整体类似字母H，由于放松了腰围，胸部无曲线装饰，因而营造出女性的内在端庄、知性美。A廓型：如图2-34（b）所示，它是一种适度的上窄下宽的平直造型，通过收缩肩部、夸大摆部而造成一种上小下大的梯形印象，使整体廓型类似字母A。O廓型：O廓型的服装强调肩部弯度及下摆口等部位，使躯体部分的外轮廓出现不同弯度的弧线。T廓型：T廓型的服装夸张肩部，收缩裙摆，其形类似字母T。总之，服装廓型是以人体为依托而形成的，因其对肩部、腰部、臀部强调和掩盖的程度不同，形成了不同的廓型。

（a）H廓型　　　　　　　　（b）A廓型

图2-34　字母类廓型举例

　　进行廓型设计，首先可以保持衣身基本廓型不变，通过改变衣袖的外廓型以此产生新的廓型效果；其次，可以以某字母型为基础，改变服装的某部位，以此产生具有设计感的新的廓型效果，如可改变衣身某局部造型，或同时结合衣袖廓型创新；又如可改变衣身侧缝线的形状，加大与人体之间的距离等；再次，通过夸张、夸大服装的某零部件，以此营造出新的廓型效果；最后，可以将2种及以上常规廓型进行组合，如X+X，H+A等。可以是一件衣服的多字母型的呈现，也可以是将上装与下装进行多字母型表达，以产生新廓型效果。

廓型设计实践范例如图2-35所示。图2-35（a）整体造型采用奶茶杯的外形，并通过增加一些联想到的与奶茶有关的元素来装饰服装。图2-35（b）主要采用的是圣诞节主题，并通过帽子在肩膀上的廓形和拐杖棒在下摆的向下廓型，形成主要的X形外形。图2-35（c）利用圆形挖洞的思路，在整体圆形的基础上勾勒出身体的整体体型，更好地突出腰线，并通过衣袖下摆和裙装的搭配，使整体服装更显灵活舒适，摆脱圆形的呆板和硬朗的效果。图2-35（d）利用音符的外形通过加大、夸张的手法，使服装整体在体现廓型的同时不失时尚感，又能够提高人的视觉效果，以达到拉长身材比例的效果。图2-35（e）上衣通过面料缠绕形成短款上衣，与下半身的廓型形成外形的A，下半身主要运用的是莲花花瓣的元素叠加、扩大等方式形成整体的外形。

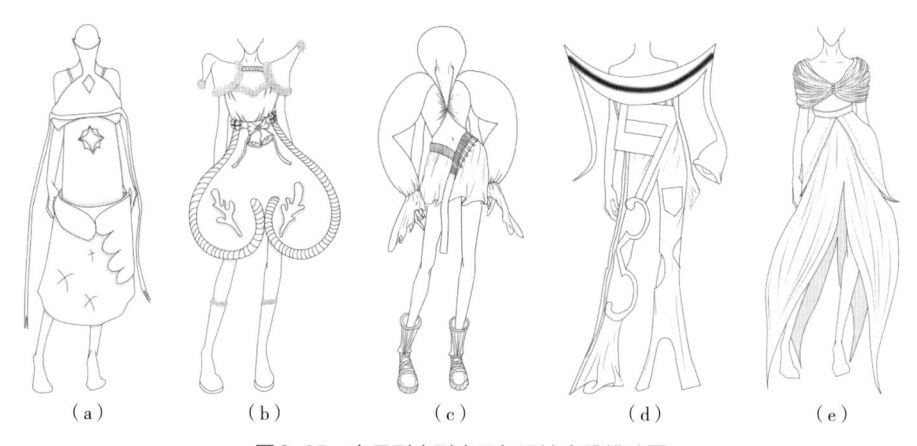

(a)　　(b)　　(c)　　(d)　　(e)

图2-35　字母型廓型应用与设计实践线稿图

六、衣身设计

上装中，构成服装局部要素的还有衣身部分，进行上装设计时，可以以衣身为设计突破点。首先，可考虑衣身的形状变化设计，如H形、A形，或其他形状；其次，可考虑衣身的下摆设计，是不对称还是不规则，还是在衣服的下摆进行附加装饰等；最后，对衣身本身进行变化设计，如图2-36所示，其中，图2-36（a）中，设计者通过对衣身的层次设计，使上装整体效果耳目一新；图2-36（b）中，设计者对衣身进行了打褶设计，进而达到设计要求；

图2-36（c）中，则是设计者通过在衣身上进行分割并翻折，使服装整体产生了焕然一新的视觉效果。当然，具体设计实践中也可以结合流行趋势来进行设计。

（a）衣身层次设计　　（b）衣身打褶设计　　（c）衣身开口翻折设计

图2-36　衣身设计举例

第二节

服装材料与设计

随着社会发展，消费者的生活方式、审美观念、物质与精神诉求等方面都在发生改变。为满足消费者多样化的穿着需求，设计服装的方式方法层出不穷。目前市场中的服装除注重款式造型设计外，设计者对服装材料再造及应用设计关注度亦日益提高，他们往往通过发挥自己的创造力与想象力，将生产厂家制造出品定型的各色材料进行手工改造或"破坏"来求得改变和丰富材料本身的表现效果，进而用来开拓服装设计表现新的思路方法。

材料是构成服装的用料，服装造型依靠材料来实现，服装色彩依附于材料来呈现。对材料再造有利于服装造型设计推陈出新,满足消费者个性化和多元化的着装需求。一般情况下,用于服装的材料主要有线材、面材及非常规材料3类。

一、线材再造技艺

(一)创意手工针织

创意手工针织是由基础手工针织工艺发展而来的线材再造技艺。创意手工针织的创意性主要表现在:一是以棒针为媒介,线状材料为素材,强调对织物色块形状的变化设计及组织结构的重构;二是对织好的针织面料进行二次设计,这与基础手工针织技艺对象不同。其中,对色块的创意设计,如图2-37(a)所示,针织小样以几何形为主要图形,结合组织结构与色彩搭配设计呈现出多层次的视觉效果;对组织结构的重构设计,如图2-37(b)所示,针织小样以针法变化及对其重组为主要手段,有平织、绞花、色织等,小样通过不同组织结构的并置,呈现出丰富多变的肌理效果,这也是针织技艺的魅力所在;对织好的针织面料进行二次设计则是以基础平织针法织好的针织物为再造对象,对其使用破坏、叠加等手段进行二次改造设计,如图2-37(c)所示,小样经设计者二次创造后更具细节,更耐看,亦具有了与众不同的立体肌理效果。

(a)色块创意 　　(b)组织结构设计 　　(c)二次再造设计

图2-37　创意手工针织技艺织物小样

(二)创意手工梭织

手工梭织所需工具主要有织框、织梭、分线器、梳子、缝合针、毛线、棉线或者其他线性材料,如图2-38所示。手工梭织是以线性材料为再造对象,利用织梭在织框上编织的技艺,织框可以是儿童织布机或者木制画框,通过经线与纬线的穿插形成颇具肌理感的织物。手工梭织分为基础与创意两种类型,基础手工梭织以学习技艺为主,如平织、流苏、绕圈等技艺技法的学习,所用材料为不同粗细的毛线或者棉线;创意手工梭织则是沿用基础技艺,材料选用毛线及其他线性材料组合使用,或者选择毛线与棉线这些普通线材之外的其他非常规线性材料,并在编织过程中思考与设计色块的位置与形状,进而织出织物小样。通过手工梭织技艺技法及材料组合,可使织物小样产生肌理的对比美及材料之间质感与色彩关系的融合美。如图2-39所示,小样是由儿童织布机织出,其以不同粗细度的毛线为素材,结合平织、绕圈、流苏等技艺技法,使其在视觉上肌理感十足、层次分明。

图2-38 手工梭织所需工具与材料   图2-39 创意手工梭织技艺织物小样

(三)创意手工编织

手工编织,是以一段或多段细长线状物弯曲盘绕、纵横穿插组织,并以不同的原材料和不同的编结方法进行的线材再造技艺。在编织技艺中最主要的是一些编结基础技法的学习,如方形编结、同心半圆打结、网状打结、方形编织交错打结法等,如图2-40所示。创意手工编织是在基础编织技法的基础上,沿用基础技艺技法,选用毛线、棉线与非常规线材组合编织或非常规线材单独

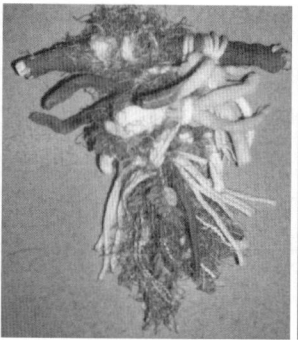

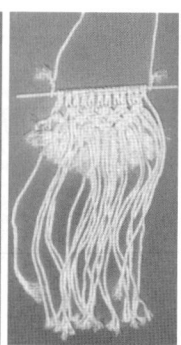

图2-40 手工编织基础技法

编织的技艺。创意手工编织的织物极具特色，可产生虚实交错的视觉效果，如图2-41所示。其中，图2-41（a）小样是在棉线编织中加入不同紫色调的水晶泥箔纸，以此达到设计感；图2-41（b）小样则通过选用非常规的线性材料，同时加入非常规的片状物，进而达到设计效果。

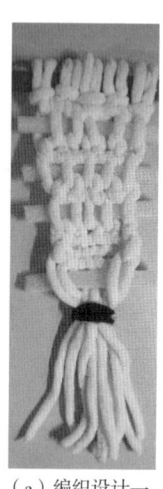

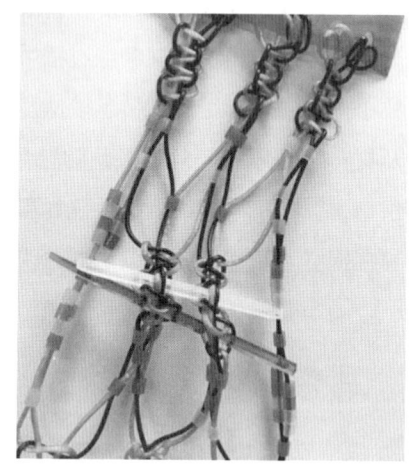

（a）编织设计一　　（b）编织设计二

图2-41 创意手工编织小样

（四）创意手工刺绣

手工刺绣依据选用的材料不同，分为线绣、丝带绣、珠绣3类，在手工刺绣中重点是掌握一些线绣技法，如钉线格子绣、肋骨蛛网绣、蛛网玫瑰绣、卷线绣、长尾结粒绣、法式结粒绣、羽毛绣、双面扣眼绣等。创意手工刺绣则指沿用基础刺绣技法与针法，置换掉普通绣线，表达出自己想要的图案效果，这并非炫技，而是以理念表达为主。如图2-42所示，该作品对刺绣技艺的材料进行了创新，用毛线代替绣线，用普通的平针绣结合创意的图形表达出较为创意的视觉效果，这无疑是对手工刺绣创意表达的典范。

（a）　　　　　　　　（b）

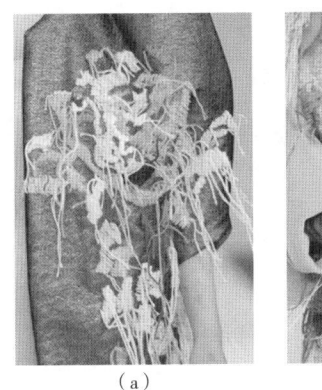

图2-42　创意手工刺绣技艺表达

二、面材再造技艺

（一）手工打褶

手工打褶是以面料为基础，先对布料进行画线，然后对画好的线迹按方向进行手缝，之后经抽缩形成面料的浮雕效果的技艺，如图2-43所示。目前面料手工打褶技艺主要有波浪打褶、鱼尾打褶、玫瑰花打褶、交叉打褶等几种形式，经手工打褶的面料可形成半立体效果，极具有视觉美感，如图2-44所示。

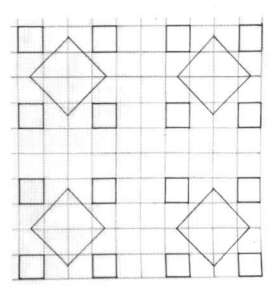

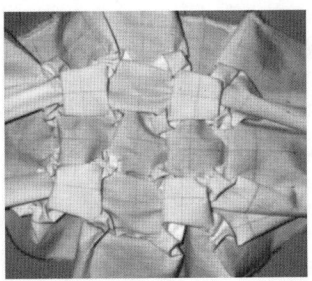

图2-43　手工打褶画线及缝制　　　　图2-44　手工打褶技艺形成的面料小样

（二）烫金图案与刺绣的结合

烫金图案技艺是对图案设计表达的一种手段，这种技艺主要利用绣框、丙烯颜料等来完成。烫金图案操作程序：①在素描纸上用铅笔画出要印染的图案，图案造型简练，且要有平面化特征，以线条轮廓为主；②图案画好之后，用刻刀将线条轮廓内多余的部分扣掉，形成镂空状的图案漏版；③绣框上绑好欧根纱备用；④将雕刻好的图案漏版，放置在需要印图案的面料上，然后将绣框放置在图案漏版上，接下来将丙烯颜料挤在绣框中的欧根纱上，最后用刮刀来回刮，这样图案就被印在面料上了；⑤将烫金纸放置在印好的图案上，用熨斗进行熨烫；操作完之后即可形成烫金图案。值得注意的是，这一操作程序可以反复做，从而形成图案的叠加与并置的美感。烫金图案制作完成之后再进行刺绣，目的是将不同技艺重组，使平面与立体并置，使丙烯烫金图案与刺绣图案这两不同材质的图案相互对比又相互融合，这也是对面材再造的一种尝试。

（三）扎染技艺

扎染作为中国的传统技艺，深受消费者喜爱。现代社会的扎染技艺比过去方便很多：不需要放锅里煮，将扎染料放进开水里，搅拌均匀即可使用。具体操作步骤如下：首先，剪好白坯布料，尺寸一般为40cm×40cm，也可以自定；其次，准备橡皮筋、硬纸板或铁板、木制夹子、植物染料或者化学染料；再次，将白坯布按照构思捆扎好备用；最后，将烧开的水倒入准备好的盆中，加入染料及食用盐搅拌均匀，将捆扎好的白坯布扔入盆中，等待约半小时，拿出来并拆开，晾干，即完成扎染操作程序。这一技艺操作方便，简单易懂，染完的面料具有凹凸变化的视觉肌理美感，而且可以对染好的面料进行二次处理，通过二次改造可以尝试创新出更具特色的扎染织物小样。

三、非常规材料

传统的材料再造往往停留在"织、缝、补"层面，随着现代技术的发展，一些设计者创新了服装材料的范畴，如将硅胶、生物塑料及其他不知名的技艺融入材料再造中，这些比较特殊的技艺可激发设计者及一部分高校服装设计专业学生对材料再造进行非常规技艺的探索。

（一）生物塑料

生物塑料是一种比较特殊、非常规的材料，需要设计者自己制作。制作生物塑料的材料主要有明胶、甘油、一次性纸杯、秤、电磁炉、塑料手套、玻璃容器、其他装饰材料（蕾丝、短树枝等）。制作步骤：①分别准备好明胶24g，甘油6g，240mL的水；②将准备好的材料导入锅中，之后打开电磁炉煮，一定要边煮边搅拌防止结块与烧焦，煮的过程中会产生气泡，将气泡用小勺撇掉；③将煮好的材料倒入备好的玻璃容器（可事先将蕾丝、树枝等装饰材料放在玻璃容器中），接下来加入染料，简单搅拌，之后放置在阴凉的地方待干，等干透，一块生物塑料就制作好了。生物塑料依据容器成型，容器不同形成的生物塑料形状也不一样，是可塑性极强的材料，常被用来设计前卫、未来风格的服装。

（二）特色及非常规材料再造技艺

除上述材料再造技艺之外，作为设计者，还应进行其他材料再造技艺的实验与尝试，目的是开阔眼界，方便于后期创作。对其他技艺的实验，一般是以他人的作品为参考，在此基础上进行二次创作，通常分为两种思路实验：一方面可以寻找自己感兴趣的、自己认为比较有特色的材料再造小样，以此为参照物进行二次模仿创作；另一方面也可以限定材料范围，如将一些非常规材料（图2-45）制作的小样作为自己实验、模仿的对象，通过实验、模仿提高认识、审美，积累创作素材。

图2-45 非常规材料制作的小样

四、服装材料应用设计

材料再造是服饰设计领域中不可忽略的新趋势，也是对材料本身的二次升华，作为服装从业者需要从多维度进行创新，探索新的艺术表现形式。

（一）材料再造技艺应用设计

1.附加应用设计

附加应用设计是指用单一的或两种以上的材质，在现有的服装造型上使用黏合、热压、车缝、补、挂、绣等工艺手段形成立体的、多层次的设计效果，如：在现有服装造型上点缀各种珠子、亮片，或者进行贴花、盘绣、刺绣、纳缝等多种材料与技艺的组合。值得注意的是，在进行附加应用设计时，为了产生较好的视觉效果，设计者既要考虑技艺的选择，同时也要结合服装款式造型兼顾装饰位置的布局设计，如图2-46所示。

2.融合应用设计

与附加应用设计不同，融合应用设计是指将再造技艺与服装款式造型融为一体的设计手法，它们互为部分、不可拆分，即再造部分不能从服装上取下来。在现代服装设计中，设计者通常会将扎染、编织、手工打褶技艺与服装款式造型进行融合设计，使它们互为依托，实现服装款式造型的创新。进行融合应用设计时，材料再造技艺可用于服装整体，也可以用于其局部，通过融合设计使服装款式产生立体或者半立体的视觉效果。如图2-47所示，通过在服装前胸部、裙身使用不规则的褶皱技艺，使服装表面形成凹凸、看似无序却很有秩序感的视觉美，该3款服装中的再造细节与服装款式融为一体，不可拆分，服装款式造型极为独特、新颖。

3.拼接应用设计

与前两种应用设计不同，拼接应用设计是指先将材料再造小样制作完成之后，再将其与服装款式拼接缝制在一起，使其成为服装款式造型的一部分。材料再造部分可选用不同的技艺表达，如线材编织（图2-48）、面材烫金与刺绣、生物塑料等。拼接应用设计的难点在于再造部分要受版型的限制：需要考

图2-46　附加应用设计　　　　图2-47　融合应用设计　　　　图2-48　拼接应用设计

虑再造部分的版型是否能与服装整体版型风格一致，如果版型不一致，可能会导致穿着效果不美观或者穿着舒适度差等问题。

4. 多种技艺交叉融合

多种技艺交叉融合包含两个方面：一是多种技艺融合；二是多种思路的融合。多种技艺融合是指将前文提到的两种或者两种以上技艺进行并置、叠加等处理，如将手工印染图案、面料打褶、珠绣、褶与镂空技艺等加以并置或叠加[图2-49（a）]。将多种材料再造技艺应用于同一款服装，可使这款服装的细节更具有层次美，在应用过程中应考虑技艺的配比及布局，材料的质感、色彩与服装主体面料的协调关系等诸多问题。多种思路的融合是指将前文分析得到的附加应用、融合应用、拼接应用思路两两或三类在同一款服装中同时呈现，如图2-49（b）所示，将附加应用与融合应用这两类应用思路同时在同一款服装中呈现，既可营造服装的立体空间，也可以丰富服装造型的整体效果。

（a）多种工艺融合　（b）多种设计思路结合　（c）对编织技艺材料创新

图2-49　应用设计

5. 单一技艺的多种材料呈现

以刺绣技艺为例，说到刺绣我们很容易想到玻璃珠、绣线、缎带、毛线。但是，在现代服装中运用刺绣技艺时完全可以尝试打破对其用材的思想桎梏，如刺绣时选用皮绳、布条、尼龙带、塑料管等材料以达到对刺绣技艺应用得出奇制胜的效果。又如对编织技艺的运用，前文提到常规的编织材料是毛线、棉线，对编织技艺应用时编织材料可以换成塑料管、布条等[图2-49（c）]，通过材料的置换，达到对编织技艺应用新颖的同时使服装整体造型变得醒目、更具有吸引力。

（二）PVC 塑料材料应用设计

PVC 塑料即聚氯乙烯，是一种非结晶性材料，是在过氧化物、偶氮化合物等引发剂，或在光、热作用下按自由基聚合反应机理聚合而成的聚合物。PVC 塑料材料在服装领域中的应用最早可追溯到 20 世纪 60 年代，当时阿波罗 11 号成功登陆月球触发了社会性的未来主义时尚浪潮，同时期"太空"主题的服装作品应运而生，主要代表设计者分别是安德烈·库雷热（André Courrèges）、帕高·拉巴纳（Paco Rabanne）、皮尔·卡丹（Pierre Cardin），三位设计者 60 年代的作品皆以塑料材料为主，其中，安德烈·库雷热的"月亮女孩系列"，帕科·拉巴纳的"不可穿系列"，皮尔·卡丹的"太空系列"成为当时服装设计领域中塑料材料应用的典范。

1. PVC 塑料材料的应用进展

设计领域，服装秀场上常能看到 PVC 塑料材料制作的服装，其独有的质感、色彩、透明与磨砂感，使其成为服装设计者青睐的材料。设计者将 PVC 塑料材料大量应用在男女士外套、裤子、裙子、靴子、凉鞋及包袋等单品中，代表品牌有香奈儿、梅森·马丁·马吉拉（Maison Martin Margiala）、Tibi、瑞克·欧文斯（Rick Owens）、拉夫·西蒙（Raf Simons）等。在德国腓特烈港举办的户外服装用品展上，完全利用废弃塑料瓶回收加工制成的户外服装首次亮相，引人注目。

一般情况下，提到 PVC 塑料材料时，人们更多会想到生活中穿着的雨衣、雨鞋和 PVC 人造皮革包等较为常规的生活用品。实际上，早在 20 世纪 60 年代，PVC 塑料材料就已成为设计者设计服装的材料，并随之进入流行时尚 T 台，成为高端时尚类服用材料之一；并且一直以来诸多品牌都未曾停止过对其开发利用，其已成为当下社会生活时尚单品使用的材料之一。

2. PVC 塑料材料的应用可行性和作用

（1）表达设计风格

服装领域中的 PVC 塑料材料拥有与梭织、针织材料不同的视觉效果，其有透明或磨砂质感，有柔软的也有挺阔的，还有不透明泛着亮丽的光泽及亚光效果等，是一种较为特殊的可服用的材料，因其防水、防风和保暖性能，在生活中常被用于雨衣、雨鞋及我国北方秋冬季服装的设计制作中，如男女夹克、风衣、裤子和靴鞋等。通过各大品牌秀场作品设计发现，设计者常根据不同的设计要求，通过PVC塑料材料的色泽、硬挺度、透明度及可塑性等特质来体现不同的作品设计风格，包括材料本身的挺阔感所体现出来的建筑风，通过对材料的图案设计和光泽感运用来实现的街头风，以及在近几年来不断升温和被流行的朋克风、摇滚风和未来主义风等，可见，PVC塑料材料是满足设计者对作品设计风格表达的重要载体。

（2）塑型及搭配

服装设计中，设计者因设计理念表达需要或者因设计概念需要又或者基于客户需求等，常设计一些立体的较为夸张的造型，这类服装造型往往需要硬挺度高的材料来实现，如坚挺的肩部、领部、口袋或其他某一局部立体造型等。这种情况下，PVC塑料材料成为设计者的首选，用以实现设计中的立体造型。还有，设计者们也会将PVC塑料材料作为搭配或装饰细节用在服装中，来表达材料之间软与硬、粗糙与光滑、通透与不透明的视觉上的强对比美感。如2021年，梅森·马丁·马吉拉品牌男装作品中，使用了PVC塑料制作的帽子、手套、包袋等作为搭配，因PVC塑料配饰的加入增强了该品牌本季服装装饰美感，也使整体效果更为夺人眼球。

（3）提升设计效果

服装的整体设计效果不仅取决于设计者的造型能力，材料使用与搭配也是提升服装整体效果的重要途径。一方面，PVC塑料材料因其通透性，作为外搭能凸显底下的搭配及其款式造型、花色和材料构成等，因此，设计者常利用PVC塑料材料的这一特质作服装夹层设计，将其用作设计风衣、夹克、裤子等单品的主要材料，以提升设计效果；另一方面，PVC材料还具有色彩多样、艳丽的特点，这一特点被设计者用来进行治愈系服装设计，表达乐观的情绪，满足视觉需要。

3. PVC塑料材料的应用技巧及其原则

针对消费者审美观念转变及服装设计方法层出不穷等现象，设计者不仅需要注重服装造型设计，还需要注重服装材料的应用设计创新问题。

（1）夹层设计

对PVC塑料材料进行夹层设计一是指以面料为底，在面料上附上一层PVC透明塑料材料，进而实现对其应用的创新。如2018年意大利奢侈品品牌芬迪（Fendi）的秋冬秀场作品中，设计者将格纹面料与PVC透明塑料层叠到一起，以格纹为底、PVC透明塑料为面，并对其内部填充羽绒，这不仅是羽绒服设计领域的一大突破，也是对PVC塑料材料应用的一种革新；二是指在两层透明塑料之间放置物品，以达到创新。如克里斯托弗·凯恩（Christopher Kane）品牌秀场作品中将PVC透明塑料夹层中填充液体，夹层液体本身实际上是植物油和甘油的混合物，在模特的身体上变暖之后，它就会在塑料夹层中沸腾起来，这也是对PVC材料创新应用的典范。还有的设计者在夹层中填充干花、树叶、羽毛、骨头等材料，用以吸引观者眼球和表达设计主题。

（2）附加装饰设计

附加装饰设计是设计者进行服装设计时常用的方法，可用于不同材料制成的服装中，目前的附加装饰设计有：①平面装饰设计，如刺绣、印花、辑明线、镶边等；②立体装饰设计，如烫钻、绳饰、附加立体花等。总之，附加装饰设计呈现多元化趋势。设计者在对PVC塑料材料应用中，亦可以对其进行附加装饰设计，以提高设计美感。2013年，霍莉-富尔顿（Holly fulton）品牌秀场作品中，设计者在PVC塑料材料上装饰珍珠、亮片、绣花，使设计作品看上去极为精致、细腻并拥有视觉焦点（图2-51）。

值得注意的是，设计者在对PVC塑料材料进行附加装饰设计时，首先应考虑装饰材料与PVC材料的协调性，如在PVC塑料材料中，设计者可选用具有金属质感的材料进行装饰，因为二者在冰冷的质感方面比较吻合，且可表达朋克、摇滚风格等。其次应注意强调性，一件PVC塑料材料的服装在不加任何装饰的情况下，风格界定只能通过款式和颜色进行判断，风格单一，较为呆板，若添加略带夸张的装饰设计，强调某种风格特征，则会产生醒目、清晰感，比如在PVC塑料材料的服装中增加立体口袋的数量，则容易产生工装风格的视觉效果；如果突出强调田园风格，则可选择树叶、干草等对PVC塑料进行装饰。第三，应考虑时尚性，PVC塑料材料服装设计本身属于时尚设计范畴，因此，对其附加装饰设计应符合国际时尚潮流，讲究流行时尚的表达，使设计效果与时尚趋势同向同行。如运用刺绣进行附加装饰设计时，则应考虑刺绣材料的发展动态，传统的刺绣材料常选用常规的绣线，而随着流行时尚发展，现今刺绣使用的材料多种多样，已不局限于传统的常规绣线，因此，设计者在对PVC塑料材料进行刺绣装饰时，可选粗毛线、布条、软质塑料条等不同于传统绣线的线状装饰材料以达到创新与时尚。

（3）对PVC塑料材料本体进行二次设计

①拼接设计。拼接是一种传统的对服装材料二次设计的方法。我国传统社

会中使用拼接设计制作的服装很多，如明代的水田衣和民间的百衲衣，都是将事先裁好的几何形材料缝制组合，古代的拼接设计除了追求审美效果外，更注重寓意的寄托。现今设计者不满足于PVC塑料材料自身的平面化及色彩单一等问题，拼接设计恰好契合了他们对材料创新与改进的需求，而且PVC塑料材料本身的特性和质感非常适合拼接，同时设计者对PVC塑料材料进行拼接设计主要是以审美的视角表达设计构想，形式灵活不拘谨，服装整体亦会因为不同色彩或质感的材料组合呈现出一种独特的设计效果。

通常情况下，对PVC塑料材料本身拼接设计有两种形式，一是将不同色彩、质感的PVC塑料材料剪成一定的形状，之后再将其拼贴于衣身上，依此打破PVC塑料材料本身的平面感及单一性。如渡边淳弥（Junya Wantanabe）2015年春夏系列作品，将不同颜色的PVC塑料材料切割成几何形之后拼贴于透明塑料材料（衣身）中，既打破了常规的服装设计语言，也是对几何美学的充分表达；二是将PVC塑料材料本身打破、切割成符合设计需求的形状之后，再将其与其他材料拼接，服装整体亦会因异料拼接形成多样的视觉效果，使服装设计表达语言更加丰富。另外，设计者进行拼接设计时，重点是思考切割形状的设计，不同的形折射出不同的审美倾向，同时要真正达到最初的设计构思，还要充分考虑材料、色彩、版型、分割细节等彼此间的内在联系。

②编织设计。编织技艺中倾注了人类对"美"的追求历史，饱含丰富的文化意蕴与艺匠关系。PVC塑料材料运用编织设计是将线状PVC塑料材料或PVC塑料材料切割成线状，运用竹编、草编、织毯、钩针、棒针技艺等传统编结技法对其重构组织。对PVC塑料材料编织设计中，运用不同的编织技艺、编织排列方式、编织组合方式等会产生截然不同的肌理效果。将编织技艺创造性地运用到PVC塑料材料中，不仅会改变材料原本的外观形态，使其在色泽、纹理以及性能上发生质的改变，还会增强服装的艺术魅力及审美效果，能快速提高服装整体美感。中央圣马丁学院（Central Saint Martins）2015年秋冬时装作品中，将PVC塑料袋材料运用不同的编织技艺形成了完整的服装款式，因服装局部塑料材料长短不够的关系，设计者适当保留了余量，使服装款式细节上产生了流苏感的设计特点，服装整体亦因此显得别具一格。

③激光镂空设计。激光镂空的开发与应用始于20世纪70年代，是设计者将设计好的图形输入计算机，之后按照计算机发出的图形指令对材料进行切割，形成镂空效果。PVC塑料材料表层在受到高温照射后形成高精度的图案，

能满足个性化定制和批量定制等多种需求。通过对PVC塑料材料激光镂空设计，既不破坏材料本身的品质，还会形成平面镂空或者立体镂空效果，使服装整体呈现出新的装饰美感。

PVC塑料材料激光镂空后可形成不同程度的透视效果及层次表达，镂空可用于服装整体也可以用于服装局部，可有序排列也可以无序排列，镂空图形的设计可写实亦可以抽象，目前立体镂空更受到设计者青睐，其相对于平面镂空来说，可使服装整体更具有肌理感和视觉冲击力。

④系扎、抽缩设计。对PVC塑料材料本体二次设计中，设计者还常选用系扎、抽缩设计手法，用以强调材料局部的立体感及肌理效果。系扎、抽缩设计常用于软质的PVC塑料材料中。系扎是指将材料系扎成符合设计要求的一个或者几个造型，在服装表面形成立体肌理效果，营造独特的视觉感受，丰富PVC塑料材料服装的造型方法。PVC塑料材料抽缩设计可以改变服装局部形态，形成褶皱感和半立体的视觉状态，抽缩部位可以选择领部、腰部、衣身或下摆、衣袖等位置，通过抽缩设计达到丰富服装细节语言的效果。

（三）服装材料应用设计实践范例

设计效果图如图2-50所示。主题为《万象》，"万象"一词，代表着"万象更新""包罗万象"等，象征着一切事物改变旧状、欣欣向荣的景象，也寓意着男女平等的观念正在深入人心，女性群体不断地发展进步，并开始专注于对自我生命的探索与解读。

图2-50 《万象》设计效果图

主材料的选择以厚重感强、可塑性好的西装面料为主，搭配黑灰色的肌理面料，流苏部分使用毛线制作。通过多种工艺的结合，旨在呼应无性别主义主题思想。面料实验小样如图2-51所示，成衣效果如图2-52所示。

图2-51 《万象》实验小样

图2-52 《万象》成衣效果

第三节

服装图案与设计

一、格纹图案与设计

格纹图案是针织服装领域中经典的图案形象之一，是男士毛衫中较为普遍使用的设计元素，深受男性消费者青睐。因此，本内容以男士毛衫格纹图案设计为例展开阐述。

（一）男士毛衫格纹图案分类

1.按格纹的形状分

男式毛衫格纹图案按照形状分为棋盘格、方格、菱形格、千鸟格4类。棋盘格纹形似国际象棋的棋盘，由形状大小一致的方块构成，如图2-53（a）所示。男式毛衫中，通常采用阵列排布的方式对棋盘格纹进行呈现，在视觉上易产生很强的规律性与秩序感，可凸显不同年龄层男士休闲、洒脱的气质，亦可衬托出职场男士的沉稳、儒雅、细腻，深受现代社会男士喜爱。方格纹由横线和竖线垂直相交形成，造型看似普通，但如果横线与横线的间隔不同及竖线与竖线的间隔也不同，再将二者垂直交织，会产生大小不同的方格纹造型，形成方格纹的大与小、宽与窄的对比美，如图2-53（b）所示。方格纹因其可变性及可操作性强、制作工艺较易实现的特点，被广泛应用于男式毛衫中。菱形格纹通常由多个菱形块有规律地排列构成，相比于棋盘格纹和方格纹，菱形格纹更具动感和活泼性，如图2-53（c）所示，其在商务休闲类男式毛衫中应用较多。千鸟格纹也被称作犬牙花纹、狗牙花纹和鸡爪纹，是较为经典传统又具代表性的格纹图案，大小一致的千鸟格纹常被应用于男式毛衫的通体中，犹如千只飞鸟展翅飞翔，秩序美融合醒目的律动感，呈现出与前3种格纹迥然不同的视觉效果，独具艺术魅力，如图2-53（d）所示。

（a）棋盘格　　　（b）方格　　　（c）菱形格　　　（d）千鸟格

图2-53　不同格纹形状举例

2.按格纹的色彩搭配分

男式毛衫格纹图案从格纹颜色搭配数量的角度可分为单色格纹、双色格纹

和多色格纹3类。单色格纹由一种颜色的纱线编织形成,其色彩种类虽少,但肌理感较强,如图2-54(a)所示,因肌理造型而自带个性特征,适合于不同职业和身份的男士。双色格纹由两种颜色的纱线编织而成,色相不同给人们的感受也不同,如经典的黑白棋盘格纹,给人简洁有力、干净利落的视觉感受;米白与米黄搭配温暖、柔和,倍显穿着者的"暖男"气质;灰色与藏蓝色搭配,沉稳、大气,适合男士在商务场合穿着。多色格纹是指构成男式毛衫格纹图案的颜色有3种或以上,色彩种类丰富,富有层次,通常会按照一定的配色规律进行多色搭配,一般选择同类色搭配、邻近色搭配、撞色搭配等,并通过色彩的面积大小区分色彩之间的主次关系。图2-54(b)所示为同色系搭配,共使用5种颜色,因同色系,颜色虽多却不乱,简洁的菱形格纹亦因巧妙的多色搭配设计产生了强烈的节奏感,稳重又不失活泼;图2-54(c)所示,选用黄绿邻近色为主的多色搭配,以绿色为主色调,黄色、黑色、灰色小面积填充,色彩丰富又富有秩序,整款毛衫呈现出青春、跳跃的视觉感。另外,对男式毛衫格纹图案进行多色搭配时,也可按照产品市场定位进行色彩的色相、色系及明度关系的选择与设计,以满足不同的市场消费需求。

(a)单色　　(b)同类色多色搭配　　(c)邻近色多色搭配

图2-54　不同格纹颜色举例

(二)男士毛衫格纹图案实现工艺

1.提花工艺

提花是实现格纹图案主要工艺之一,分单面提花与双面提花。单面提花的特点是在毛衫的反面能看到大量浮线,正面则是图案的整体形象。提花工艺可满足图案的多色搭配需求,且图案形象逼真、美观大方,可丰富、可简洁,能很好地契合设计要求,也可使毛衫细节上更丰富,是实现男式毛衫格纹图案造型使用较多的加工工艺。另外,设计者有时也会将提花浮线较多的一面作为正面,颇有一番风韵。双面提花包含芝麻点提花、空气层提花等,其中,芝麻点提花图案背面呈芝麻点状,空气层提花图案表面隆起、有褶皱、不平整,艺术性强。

2. 嵌花工艺

嵌花需要使用专门的嵌花导纱器完成,它具有提花图案的多样性特色,但在图案背面看不到浮线,所以嵌花毛衫不易被勾刮,穿着性能较好。嵌花过程中,需要将不同颜色或不同种类纱线编织成的格纹色块相互连接起来拼成整体,其每一色块区域都较为独立,每个色块由一根纱线编织而成,可多色相嵌。

3. 正反针工艺

正反针操作较为简单,对其进行一定的组合变化会产生丰富多样的花型外观效果。如图2-55(a)所示,正针阵列不同方向排布组合形成具有高低起伏效果的菱形格纹图案,毛衫因此具有立体雕刻美。

4. 立体雕塑工艺

使毛衫表面具有凹凸效果的工艺都可以归为立体雕塑工艺,通常通过移圈工艺寻求图案细节变化,以展现雕塑立体效果,如图2-55(b)所示,显然具有3D立体效果的菱形格纹图案,是因移圈与针距变化而产生。从目前市场情况来看,实现男式毛衫格纹图案的立体雕塑设计效果较多通过几何形、麦穗形和各类绞花组织工艺及镂空针法等。

5. 毛圈工艺

这一工艺可使毛衫表面绒毛紧蹙。毛圈类格纹图案整体或者局部绒毛丛生,视觉感独特,同时具有良好的舒适性、保暖性和透气性,常用于时尚男式毛衫设计中。若将毛圈工艺与其他工艺组合应用,可使格纹图案呈现出强烈的立体感,如图2-56(a)所示,图案凹凸变化,彰显出立体特色。具体细节如

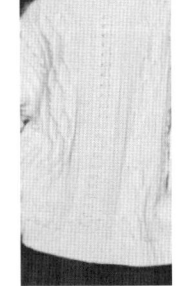

(a)正反针　　　(b)立体雕塑

图2-55　不同工艺格纹毛衫

图2-56（b）所示，浅蓝色部分采用平纹提花工艺，藏蓝色部分则为毛圈工艺，两种工艺巧妙重组，赋予了该格纹图案立体及创新感，毛衫整体沉稳，又不失时尚品位。

（a）毛圈工艺　　　　　　　　（b）细节图

图2-56　毛圈工艺毛衫

6.附加装饰工艺

男式毛衫格纹图案还可以通过补贴、绗缝、刺绣和数码印等工艺实现。其中，数码印使用较频繁，如数码印图案常出现在各大时装周针织类服装中，男式毛衫的数码印图案也已登上时尚T台秀场并慢慢融入人们的生活中。数码印工艺是将预先设计好的图案输入计算机喷绘系统，再由计算机直接喷绘出图案，其能全面、快速、直观地实现设计者的构想，以及较为复杂的图案造型、色彩搭配。另外，实际应用中，为打破数码印图案的平面感，也会将其他工艺与之重组、叠加，以增强图案的装饰美，如在数码印格纹图案局部进行毛线刺绣、穿绳等，层次装饰美强烈。

工艺是实现格纹图案造型的重要手段，除了前文提到的6类工艺类型外，还有其他工艺，诸如凸条组织工艺、满针罗纹组织工艺、令土组织工艺等，工艺不同格纹图案造型效果也不同。

（三）设计方法

1.造型

（1）大小变化及排列布阵设计

这一方法是指在男式毛衫中格纹呈现的大小变化及阵列布局，如图2-57所示。图2-57（a）中，使用左右不对称的设计手法对棋盘格纹排列布阵，同时改变格纹的大小关系，时尚不呆板；图2-57（b）中，千鸟格纹呈阵列布局，结合不同部位的阵列中千鸟格纹大小变化及色块的安排，充满细节趣味，给人的感觉也焕然一新。总之，格纹图案的排列布阵设计可使男式毛衫具有秩序美感，而对格纹图案的大小变化可使秩序中产生变异美，二者融合可有效使格纹图案达到创新。值得说明的是，运用该设计方法对格纹图案进行创新设计需要设计者具备一定的美学基础，若再结合色彩搭配设计，则可产生更多风格鲜明又具创新性的设计方案。

（a）棋盘格　　　　（b）千鸟格

图2-57　格纹大小变化及排列布阵设计举例

（2）图案间混搭设计

为使格纹图案呈现出新颖独特的效果，常将格纹图案与其他题材的图案混搭融合，如图2-58所示，以菱形格纹为底融合字母图案，这种套叠混搭使毛衫时尚又具有个性。在格纹图案与其他题材的图案混搭设计中，若设计者同时对格纹的布局、造型和实现工艺等进行创新，便可产生一生二、二生三、三生万物的连锁效应，诠释出男式毛衫格纹图案创新设计的更多可能性。

图2-58　图案间混搭设计举例

2.布局

对男式毛衫格纹图案布局创新，主要包括以下4种方法。

（1）散点式布局

这一布局较具随意性，通过打破均匀、重复排列的整齐划一感，增加格纹图案变化及活泼感，如图2-59（a）所示，菱形格纹图案在男式毛衫前衣身随意散点状布局实现了毛衫格纹图案视觉创新。

(2)渐变式布局

这是指对格纹图案的大小处理要有变化,体现节奏与韵律之美,如图2-59(b)所示,将5个菱形格纹由上到下、由左到右进行从小到大渐变依次排列,强烈的秩序感与节奏感使毛衫细节美感倍增。

(a)散点式　　(b)渐变式

图2-59　格纹图案的布局创新举例

(3)不对称式布局

格纹图案应用于男式毛衫中,其布局多采用对称式,如将黑白格纹图案平均填满毛衫通体,满花装饰,但这类布局把控不当易产生单调、平淡感。因此,布局上可运用不对称式,如将黑白格纹图案应用于衣身的左侧局部,同时在左肩局部适当应用,其他部位留白,展现视觉上的非常规效果。

(4)聚散疏密式布局

聚散疏密是二维构成中体现图形美学的重要方法,其没有具体的布局规律,但通过聚散疏密可形成一定的视觉张力。因此在对格纹图案创新设计时,可以采用聚散疏密方法进行布局设计,以实现突破与创新,以及体现聚与散、疏与密的美学特征。

3.工艺

格纹图案类男式毛衫常使用单一工艺,即一款毛衣中仅有一种工艺,如纬平针组织工艺或2+2罗纹组织工艺或波纹组织工艺等,优点是经济实穿,但在设计感、时尚度方面稍不足。

①对已有工艺进行重组运用,即两种或以上工艺混搭。通过多种工艺的重组混搭实现新鲜的设计体验,让格纹图案的肌理与层次更加丰富多样,如正反针与移圈工艺结合、提花与毛圈工艺结合等。

②运用立体雕塑工艺，并结合坑条、绞花、横织竖用等变化，实现格纹的凹凸肌理效果，即通过对格纹图案的肌理设计实现创新。这需重点思考格纹图案本身肌理实现工艺、组织结构造型及其在毛衫中的布局设计，若肌理的实现工艺、组织结构和布局不同，其产生的视觉美感亦不同。

③将格纹图案单个独立编织出来，再进行拼接缝合，如我国传统百衲衣工艺，格纹图案会因拼接工艺不同，产生不同的效果。可以不规则拼接，模拟类似手工补丁的效果；也可以将格纹图案边缘刻意处理成破损毛边效果，营造随意、自由、不完美的美学氛围。

④一方面，对格纹图案局部破坏、破损及故意留出浮线，做出破洞镂空的效果，让普通的格纹图案呈现出趣味，独具破坏感；另一方面，运用镂空工艺使格纹图案局部产生大小不一的孔洞，形成虚实相间的视觉效果，呈现精致利落的雕刻感。

⑤在格纹图案中或其边缘使用装饰缝编工艺，其中装饰缝编材料可选用与毛衫同材质，也可以使用不同材质，结合撞色缝编，呈现强烈的视觉冲击和新鲜的感官体验。如可将撞色的毛线沿着格纹图案的边缘，使用刺绣中的回针交错绕线绣或珊瑚针绣或枝干绣等技艺进行缝编。

4.色彩

改变格纹图案色彩配比关系可以使毛衫整体效果摆脱常规感，如鲜亮的色彩点缀法、同色系渐变法等。鲜亮的色彩点缀法是指采用大面积低明度+小面积高明度、大面积低纯度+小面积高纯度、大面积暖色+小面积冷色等色彩搭配方式；同色系渐变法则是采用低明度渐变、冷色渐变、暖色渐变、中性色渐变、同色系渐变、邻近色系渐变等。另外，还可以使用扎染方法，如将男式毛衫中的格纹图案进行单色或多色扎染，整体风格可质朴自然、低调含蓄；也可个性张扬、绚烂浮夸，增添男士毛衫的大胆前卫感。

（四）设计价值

1.提升时尚度

当今社会，男士对着装要求越来越高，不仅要承袭经典还要凸显个人风格。对男式格纹类毛衫设计，可通过对格纹图案的大小变化、排列布阵、混搭设计及布局、工艺、色彩创新，改变其外观视觉效果，打破其老套、守旧感，从而使毛衫产生时尚效应，打造出都市时尚性毛衫产品。

2.增强细节

服装中独具特色的细节设计可衬托出男士严谨细腻、沉稳精致的良好品格，进行男式毛衫格纹图案设计时，将格纹图案与植物、动物等其他类图案巧妙混搭融合，或运用扎染等，营造出格纹图案的新风貌，既可以体现出格纹图案的包容性特征，又能增强格纹类毛衫的细节和看点，尽显格纹图案设计美学新风尚。

3.丰富肌理美感

毛衫因其实现工艺不同常形成不同的肌理效果，不同的肌理设计为毛衫增加层次感及精致度，可形成独特的肌理格调，或含蓄低调，或先锋新潮，或自由不羁，增添不同的视觉体验。

二、国风主题图案与设计

近年来，随着我国国风趋势在各行各业中持续热潮，国风类针织T恤衫成为服装市场中炙手可热的单品，经济效益持续增长，这对针织T恤衫中的国风主题图案设计提出了更高的要求，并且备受社会各界关注。因此，本内容以针织T恤衫国风主题图案设计为例展开相关梳理、思考。

（一）针织T恤衫国风主题图案设计趋势

1.注重对文化意涵的传承创新

针织T恤衫是指由针织面料裁剪缝制成的背心、无领T恤、POLO衫、卫衣等，面料成分通常是由不同配比的棉纤维、聚酯纤维、氨纶等原材料构成，触感柔软，穿着亲肤、透气、舒适且方便活动与生产劳动，深受消费者青睐，是人们普遍穿着的日常服装。在针织T恤衫国风主题图案设计中，常有对传统文化元素符号化、程式化运用的现象，这难免会造成对其设计上的同质化，然而，现今随着我国设计力量的崛起，越来越关注对针织T恤衫中国风主题图案内在文化的设计与表达，如图2-60所示。图2-60（a）中，服装品牌云思木想2021年秋冬洛神之境系列中的翻领针织卫衣图案设计主题为"曹植化鱼"，灵感源于我国古代曹植与洛神的人神爱情故事，图案造型简洁，水浪与鱼融为一体，线条流畅具有动感，虚化的鱼尾更为图案增添了独特的艺术魅力，图案表达了曹植初遇洛神心生爱慕、幻化成水浪与鱼，与洛神相遇相知的美好愿景，借此，图案中所蕴藏的中华文化赋予了该图案强大的能量支撑与文化底蕴，中华传统文化故事也借由图案语言得到传播；图2-60（b）中，以传统京剧剧目《空城计》为主题方向，通过戏曲装扮的诸葛亮形象及其身后简化表达的城楼，向观者传达诸葛亮与司马懿西城对战故事，彰显出中华文化魅力，引人回味，多元素组合、不同线条呈现和虚实结合的造型手法，使图案由内到外散发着中华文化的韵味；图2-60（c）中，图案设计则挖掘了战国元素，向观者传达中华蹴鞠文化故事，古装扮相的卡通人物造型与英文字母结合，毫无违和感，显露出设计者对国风的理解与驾驭能力。

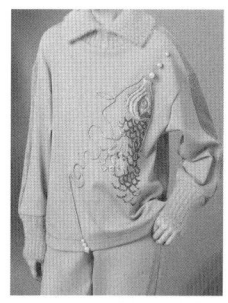

（a）国风主题图案设计1　　（b）国风主题图案设计2　　（c）国风主题图案设计3

图2-60　品牌针织T恤衫国风主题图案设计

2.全面挖掘中华文化题材

针对针织T恤衫图案设计而言，提起"国风"，人们通常多局限于仙鹤、龙凤、京剧脸谱等耳熟能详的题材。然而，综观现今各大针织T恤衫类产品市场发现，中华几千年的璀璨文明、历史文化，皆是现代设计的重要源泉，针织T恤衫中的国风主题图案设计题材多种多样，呈现百花齐放的态势，有文字题材、动物题材、人物题材、植物花草题材、建筑城楼题材、龙凤题材、历史故事题材等，可谓应有尽有，设计选题、题材方面充分体现出大国风范。需要强调的是，不仅传统文化符号是设计的资源，晚清民国以来的"新文化"、改革开放以来的创新成果等，都是中华文化的重要组成部分，也是探寻国风主题图案设计的重要资源。另外，设计者选择题材时，需要一定的评判能力，应以去除糟粕，倡导健康积极向上的精神文明为原则。

(二)针织T恤衫国风主题图案设计方法

1. 造型设计方面

（1）联想法

客观地讲，现有的针织T恤衫国风主题图案造型设计诸多还停留在照搬、挪用、拼贴阶段。联想法实质上是一种由不可能变为可能的造型方法，将不同的事物融为一体。通过联想法进行图案造型，可使人们产生轻松、愉悦的心理感受，并能使图案造型符合现代审美兼具创意感，如图2-61所示。图2-61（a）中，设计者对虎的形象展开联想，联想到古代财神爷赵公明的形象，将老虎化身为财神，头戴金冠，为人们祈福纳财，基于此图案被命名为"财神瑞虎"；该图案造型中设计者运用拟人的造型手段及现代轻松写意的仿手绘粗线条勾勒出圆润的虎头形象，图案造型褪去了老虎的凶猛、暴戾，整体充满戏剧性与趣味，给予观者放松和舒适的心理感受。图2-61（b）中，设计者将老虎与鸟的翅膀进行链接，运用看似不合理的超现实手法塑造老虎形象，充满想象力、创意及趣味性，引人深思；结合火焰图案寓意虎生富贵、虎虎生威、虎生祥瑞，极大地升华了图案造型的意义。

（2）重组与层次法

重组与层次是指多图案组合+局部层叠，以形成多层次造型效果，如图2-62所示。图2-62（a）中，祥云、仙鹤图案与"吉祥""Lucky"字样组合叠加后的图案呈现出多层次之美；图2-62（b）中，如意花造型与"如意"字样的组合叠加，使视觉效果丰富、设计感强。值得注意的是，运用重组与层次法，图案数量应至少控制在2个，以形成图案的群组关系，体现出量感与多层次之美。

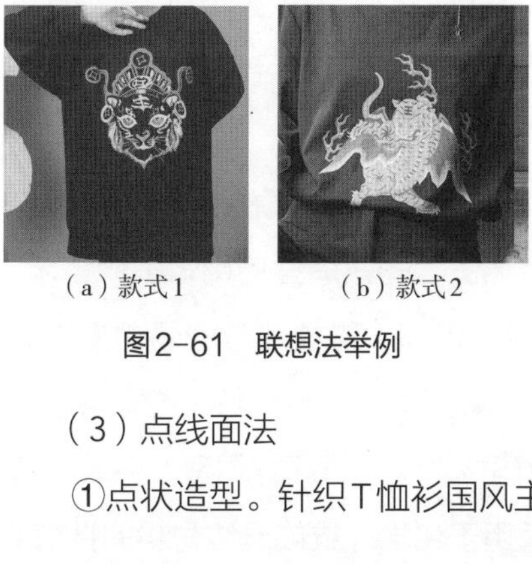

（a）款式1　　（b）款式2　　　　　　（a）款式1　　（b）款式2

图2-61　联想法举例　　　　　　图2-62　重组与层次法举例

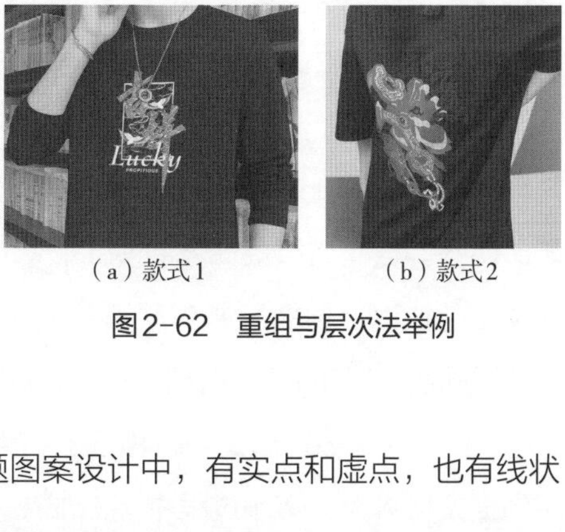

（3）点线面法

①点状造型。针织T恤衫国风主题图案设计中，有实点和虚点，也有线状

的点和面状的点，还有平面和立体三维呈现。

②线状造型。针织T恤衫中，国风主题图案造型可采用纯线条表达，形成线性效果。不同的线条具有不同的情感力量，如斑驳的粗线条，随意轻松；细腻的窄线条，柔美圆滑；顺滑的宽线条，纯净雅致。不同类型的线条可以单独使用也可以组合搭配。

③面状造型。图案造型选用块面表达，易产生充实、厚重、力量的视觉感受，这类造型需要设计者结合色彩搭配设计，图案亦会因不同颜色的色块而形成不同的面状效果。

在具体的图案造型中，可点线面同时呈现也可单独表达与使用，如思路一：以面为主+线勾勒，即将不同形状的面，结合均匀线勾勒，形成平面二维图案；思路二：点线面+明暗，即点线面造型结合明暗关系表达，也就是通过光影以立体三维的形式呈现，使图案形象逼真写实且具有质感；思路三：线状的面+线穿插，即通过不同形态的线状的面结合细线穿插于局部，增加图案的丰富性；思路四：以线为主+面点缀，即对不同形态和宽窄的线的局部加入面状造型，以线衬面，使图案整体造型极具细节感；思路五：线状造型独立呈现，即将不同粗细、轻重、缓急的线进行重组，这会因不同的关乎线的造型方法的运用，使图案别具一格。这类造型方法既适用于具象图案、简化概括类图案，也适用于重组类图案，适应度颇高，巧妙运用可产生意料之外的效果。

2. 工艺设计方面

经市场调研与观察发现，针织T恤衫上国风主题图案的实现工艺主要有数码印、胶印、刺绣、珠绣、烫金、绳绣等类别，各类工艺特色迥异、各具魅力。设计运用中，设计者常将不同的工艺组合使用，如胶印+刺绣、胶印+立体钩花、机绣+珠绣+数码印、胶印+珠绣+手工钉钻、烫金+珠片绣+仿手绘数码印等，图案因多种工艺的综合应用而具极高的审美和经济价值。

（1）数码印

目前市场中针对针织T恤衫图案的数码印工艺包括数码直接喷印和数码热转印两类。数码直接喷印是针织T恤衫中国风主题图案造型使用较多的工艺，这类工艺快速、便捷，并对原设计图稿还原度极高，需要注意的是印完之后需高温固色，以使图案能长时间呈现逼真的色彩效果，适合天然纤维材料的针织T恤衫。数码热转印是在特种纸上利用数码技术预先打印好图案，然后再转印到相关材料上。转印过程中不断加热，适用于化学纤维或混纺材料的针织T

恤衫。

（2）胶印

胶印通常分为常规胶浆印花、胶浆发泡、厚板浆胶印、龟裂做旧和肌理拉浆5类，其中，常规胶浆印花易操作，使用率较高；胶浆发泡与厚板浆胶印可使图案具有立体感，因而近年来备受关注；龟裂做旧和肌理拉浆可形成图案二次再造视觉效果，适用于需要特殊效果的图案类型。

（3）丝网印

丝网印刷工艺流程分为制版、印花、烘干，包括图案设计、菲林输出、选网、绷网、涂感光胶、晒版、曝光、显影、网版干燥、修网、封网、印花、烘干13道工序，这一工艺在校园文化衫中运用得较多，印出的图案具有较强的艺术魅力。

（4）刺绣、珠绣、绳绣、手工钉珠、烫钻、钩花

一直以来刺绣是图案主要的实现工艺，作为一种传统表现技艺，可使图案呈现出深厚的文化底蕴，工艺技法因地域不同而有所不同，如有平绣、乱针绣、网绣等刺绣类别，当下实现针织T恤衫国风主题图案造型常选用机绣完成，省时、快捷、效率高。另外，设计者亦常将珠绣、绳绣、手工钉珠、烫钻、钩花（钩针编织）等这几类工艺混搭，以满足图案造型不同效果需要。

（5）布贴

布贴工艺是设计者实现图案效果的工艺手段之一，通常是以服装材料为媒介，按照图案造型通过剪、刻出其造型或形状轮廓，再缝制在衣料上。这类工艺可结合刺绣、丝网印等工艺一起使用，以打破一种工艺单独使用的单一、乏味感。

（6）烫金

烫金是指制作出的图案呈现出金色或银色效果，包括两种类型：一是丝网印金，指用特殊的金色油墨印出；二是使用热转印原理，即将金色转印膜纸图案压烫到布料上形成金色图案。前者印出的图案表面有颗粒状，后者压烫出的图案表面较为光滑，光泽度高。

3.色彩设计方面

色彩设计直接关乎人们的购买欲望，对国风主题的图案进行色彩设计，一方面可结合色彩流行趋势进行色彩搭配设计，这需要设计者熟知当季流行的色彩，具体设计过程中，可从流行色谱中提取一种或几种色彩，与其他类色彩混

搭形成色组，流行色可作为色组中的主打色，也可以是辅助色彩；另一方面可依据设计主题选取需要的色彩形成色组。

为达到视觉上的美观性可具体从几方面考虑。第一，色彩基调设计，这是指色组整体所呈现的色调，如有红色基调色组、黄色基调色组、绿色基调色组等，色彩搭配时可有意而为，形成明确的色彩基调，以使色彩整体具有和谐统一美感；第二，色彩面积设计，即对色组中的色彩运用时，切忌各种色彩面积上的平均运用，可以遵循主打色面积大，辅助色面积小，点缀色面积较小的原则，以呈现色彩设计的节奏美；第三，色彩冷暖设计，色组的冷暖倾向不同给予观者的心理感受亦不同，色组的冷暖倾向一般情况下依据主题确定，如忧郁的主题可选柔和的中性色，治愈性的主题则可选择绿色或蓝色偏冷色系等；第四，色彩明暗设计，色组中色彩之间的明暗关系也是影响色彩协调度及美感的重要因素，如近似明度的色彩搭配难免单调、乏味，图案色彩设计中使用强对比色彩明度搭配，易产生刺激、强烈的视觉冲击力，因此，色彩明暗设计可采用大面积高明度+小面积低明度配色或小面积的高明度+大面积的中明度配色等，用以强调色彩明度搭配的差异美。总之，合理的色彩设计方法可使国风主题图案锦上添花，弥补和避免图案色彩产生沉闷、凌乱、枯燥等问题。

4.布局设计方面

（1）留白式布局

留白式与中国画留白的精髓一致，也是指局部构图方式，可将其分为一点留白、散点留白、对比留白3类。一点留白布局是已有T恤衫图案布局的共性现象，包括居中和不对称两种形式。散点留白布局是指基于审美将两个及以上相同或不同造型（风格一致）的图案放置于T恤衫不同部位，如以"点"状排布于衣身和衣袖边缘，这种布局既有呼应又有变化，可打破一点布局的单一感。对比留白布局是指T恤衫中两处或多处留白面积大小差异大。

（2）满花式布局

满花式布局通常是指将图案填满针织T恤衫的衣身衣袖，为打破常规满花布局的视觉疲劳，也可以将图案在衣身后片或前片填满而将衣领或衣袖留白，或后片填满的同时前片进行局部点缀等，满花式布局中的图案面积较大，视觉冲击力较强。

（3）连续式布局

①二方连续。针织T恤衫中，图案的二方连续布局，通常是首先将图案设

计成二方连续状，之后将其排布于衣身或衣袖的某部位，可竖向、横向或斜向放置，也可单独一点式、重复散点式、对称式或均衡式排列，图案布局位置、排列方式及数量不同，呈现出的视觉美感亦不同。

②四方连续。四方连续图案以面状的形式呈现，具有阵列效果，其适合结合满花式布局设计。与二方连续比较，四方连续更具有表现力及张力，适合应用于不同类型的针织T恤衫中。

（三）设计实践

1. 设计方案

图2-63（a）、图2-63（b）中，主题为"北冥鲲鹏"，灵感源于《山海经》中的神兽鲲鹏，图案造型采用线面+重组与层次的方法；运用同类色搭配和低明度+中明度+小面积的高明度色彩设计方法；布局采用散点+对比留白，轻松又不缺乏美感；表达以心灵智慧驾驭欲望意志追寻梦想的主题思想。图2-63（c）、图2-63（d）中，从少数民族文化中寻找设计题材，以"苍狼白鹿"为主题，运用现代手法呈现民族故事，点线面造型，大面积暖色+小面积冷色的色彩搭配设计，节奏感十足；采用对比留白布局，形成对比美学，体现现代设计美。图2-63（e）、图2-63（f）中，以《西游记》为设计题材，"大话西游"为设计主题，运用玩味、轻松的格调表达当下年轻人的审美观念；图案造型点线面相结合，想象力丰富并充满趣味；手绘质感的线条自由、洒脱，结合重组与层次法，传达出现代质感；布局采用满花式及对比留白（线状云纹满花布局作为背景），彰显出设计者对传统文化创造性传承的认识和理解。

2. 加工工艺设想

方案一：由于图2-63中的国风主题图案设计实例主要体现在题材、造型和布局3个方面，因此其加工工艺均选择常规及使用较为广泛的电脑数码直喷工艺，这一工艺对图案的还原度高、色彩保真、喷印快捷。值得注意的是，电脑喷印开始之前，将设计出的图案输入电脑，图案尺寸大小须与T恤衫彩色图稿中的图案尺寸保持一致，以使成品效果与彩色图稿高度吻合。

方案二：对工艺创新探索，如图2-63（b）中的图案可采用胶印+手工钉珠工艺（局部），即将针织T恤衫前后图案胶印完后，恰当选择某局部进行手工钉珠加以点缀，增加细节；又如图2-63（f）中，背景云纹可选择单线单色机绣，居中的图案则采用胶印工艺，通过两种工艺的重组和叠加，强化国风主题图案在针织T恤衫中的表现力。

（a）"北冥鲲鹏"图案设计

（b）散点+对比留白布局

（c）"苍狼白鹿"图案设计

（d）对比留白布局

（e）"大话西游"图案设计

（f）满花式+对比留白布局

图2-63　设计实践图例

（四）设计效果

1.丰富造型

就目前市场来看，针织T恤衫图案设计的需求量很大，且呈增长趋势，而造型是影响图案设计创新的主要因素之一，针织T恤衫国风主题图案可通过联想法、重组与层次法、点线面法创新出不同特色的造型，形成鲜明的艺术格调。

2.增强美感

不可否认，图案美感设计表达是图案创新的基本目的，如造型的层次美、色彩搭配的对比美、多种工艺的组合美、布局的留白美等，将造型、工艺、色彩、布局设计方法单独或综合运用到设计中，运用合理得当，则能够达到国风主题图案设计的美感需求。

3.提升文化品位

据《2020 国货品牌发展趋势报告》显示，74% 受访者表示对国货的好感度提升。此背景下，内蕴文化品位的国风针织 T 恤衫受到国人追捧。设计者可通过对中国故事的挖掘，进行造型、工艺等方面的创新，使国风主题图案呈现或低调含蓄或张扬新潮的文化新样态。

三、蒙古族图案与设计

蒙古族作为我国少数民族中人口多、分布广的代表民族，民族文化历史悠久，民族特色鲜明，是研究民族风格服饰的可选样本之一。其哈木尔纹样造型是蒙古族众多图案中极具艺术魅力的纹样。因此，本内容对蒙古族哈木尔纹样创新设计方法及应用进行阐述分析。

（一）蒙古族哈木尔纹样的造型方法

1.对称造型：单独式哈木尔纹样

民族纹样大多是对自然物的模仿或由图腾演化而来，蒙古族哈木尔纹样的原始形态可从内蒙古赤峰市出土的陶器及蒙古族服饰和帽饰上见得。其原型基本元素为流动的曲线，整体形如牛鼻子，也被称为牛鼻子纹，主要视觉特征为以"鼻"尖为中心，呈对称状向内向上旋转卷曲，卷曲的部位如牛的鼻孔，如图 2-64 所示。通过观察及结合设计学、美学理论发现，对称是其造型的主要手段，且以纹样的纵向中心线为对称轴进行对称造型，纹样整体稳定兼具曲线律动美。

伴随社会发展，哈木尔纹样演变出多种造型，综合归纳为细线、粗线和面状造型 3 类，这些演变纹样，以哈木尔纹样原型为母体，以对称为造型手段，通过对曲线形态的灵活塑造，与原型纹样一脉相承，呈现出对原型纹样的创造性发展。细线状的单独式哈木尔变体纹样向内对称回旋卷曲，或繁复或简练

图2-64 哈木尔纹样原型

（a）细线造型

（b）粗线造型　　　　（c）面状造型

图2-65 哈木尔纹样的单独式演变

或繁简结合，造型一气呵成、不可拆分，充满律动，如图2-65（a）所示；粗线和面状的单独式哈木尔变体纹样，采用左右轴对称造型，浑厚有力，饱满、坚定、稳固，如图2-65（b）、图2-65（c）所示。

蒙古族单独式哈木尔纹样原型及其变体纹样造型简洁、完整独立、线条流畅，其中单线条造型富有节奏和韵律，多线条造型疏密得当，艺术魅力独特。同时对称造型使哈木尔纹样在流动中兼具静止、稳定的视觉效果，构型巧妙。这类纹样在现代设计中常被用于工业产品、服装服饰、室内家居、多媒体等艺术品类中，颇受设计者青睐。

2.组合造型：组合式哈木尔纹样

蒙古族图案中，组合式哈木尔纹样通常是由2个及以上纹样构成，如哈木尔纹与哈木尔纹组合、哈木尔纹与云纹组合、哈木尔与卷草纹组合等。组合过程中，一般运用勾联、并列、放射等造型方法，纹样整体效果繁复、层次感强且生动优美。

（1）勾联组合

勾联组合一方面是指单元纹样之间的勾联；另一方面是指单元纹样局部的勾联。图2-66（a）中，单元纹样之间经局部勾联，融合成一个组合式纹样，整体造型浑然一体，极具艺术性；图2-66（b）中，单元纹样自身的局部勾联造型，别有一番风韵，打破了纹样整体造型的平静，使纹样具有动静结合的视觉效果，也使纹样的细节感十足，彰显出创造者的造物智慧。

（2）并列组合

并列组合是组合式哈木尔纹样造型中使用较多的造型方法，具体表现是单元纹样反复竖直排列、直立状态、对称式并列或反复连续式并列。对称式并列是指单元纹样呈

（a）单元纹样之间勾联　　（b）单元纹样局部勾联

图2-66 勾联组合（部分）

水平镜像复制状，整体效果极富平衡感，如图2-67（a）所示；反复连续式并列是将单元纹样一次或者多次复制平行排列，这类造型的哈木尔纹样具有很强的秩序感，且稳定、有力，如图2-67（b）、图2-67（c）所示。并列组合类哈木尔纹样常被用于蒙古族服饰门襟、开衩、侧缝、下摆等处作为缘边装饰，具有较强的装饰美化作用。

图2-67 并列组合（部分）

（3）放射组合

组合造型的哈木尔纹样，还常采用放射的方法，以形成对单元纹样的多样多类型组合方式。放射组合可分为向心式放射和离心式放射两类，二者分别以一个正中央的中心点向内或向外散开，且单元纹样放置在隐形的射线上，具有循环往复之感。

（二）蒙古族哈木尔纹样的审美规律

1. 统一与变化结合之美

统一是反映不同部分之间的共有特征、共同点和内在联系，是变化的基础；变化是追踪不同部分的区别和差异，是统一的外延。蒙古族哈木尔纹样，无论繁简皆反映出对形式美法则统一与变化的表达。统一主要表现在两个方面，一是指对哈木尔纹样基本形态母体的运用。从单独式到组合式纹样，其形态之中始终保留哈木尔纹样原型形态特征。二是指造型规律的运用。现今哈木尔纹样数量众多，形态各异，但在这千差万别的形态中，其造型方法极有规律可循，主要有对称、勾联、并列、放射等，造型规律呈现出一致性。变化是指哈木尔纹样形态多变，具差异化。可以说，在漫长的发展进程中，蒙古族哈木尔纹样通过不断将统一与变化相融合，展现出它强大的生命力。

2. 动与静构成之美

蒙古族哈木尔纹样自身卷曲，具有旋转不息的律动感，造型的勾联和放射更加强了其动感；造型方法的轴对称和并列组合，具有极强的冷静、肃穆之感，这无疑是对动与静交融的显性与隐性表达。

3.寓意内蕴之美

　　游牧、狩猎是蒙古族民众主要的生活方式，生活中离不开马、牛、羊、骆驼等牲畜，哈木尔纹样的形成蕴藏着蒙古族人民对自然万物的敬畏之情、热爱之心。在蒙古族图案文化中，哈木尔纹样寓意吉祥美好，与其他类纹样组合则会产生新的美好寓意，如与蝙蝠纹融合形成的组合类纹样寓意幸福连绵不断，与花草纹组合则具有婚姻生活幸福美满的象征。

（三）创新设计方法

1.线条抽离设计

　　造型设计中，过于复杂的设计风格反而令人茫然，因此有时需要对设计进行精简，以更突出主体。线条抽离是对纹样简化处理的方法，具体是指在保留纹样主要形象特征的基础上，以单线勾勒纹样的形态和动态走势，经勾勒便可抽离、形成极为简练的造型，之后进行翻转、旋转、连接、反复等排列组合生成新纹样，具体流程如图2-68所示。图2-68中，保留哈木尔纹最典型的向内卷曲的特征，运用单线勾勒、抽离生成新纹样，进而将这一纹样进行旋转、反向、连接、复制等操作，再经多次反复排布，形成了完整、饱满、兼具创新效果的群组纹样，这不失为一种实现哈木尔纹样创新的有效途径。生成的新纹样简约而不简单，呈阵列状，具有强烈的动感及韵律美，可用于后期设计中，体现少即是多的现代审美及蕴含柔和、温暖的品质。

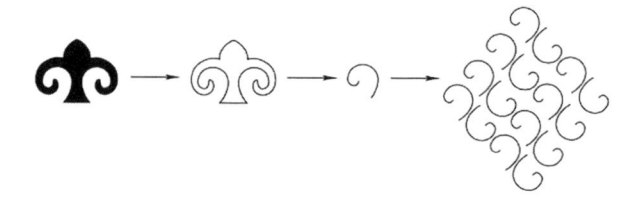

图2-68　线条抽离设计举例

2.分解重构设计

　　分解重构适合构型复杂的纹样，具体是指将哈木尔纹样原型或变体以循序渐进的方式进行拆解，形成不同的单独纹样，之后对拆解出来的单独纹样筛选，再按照反向、对称、旋转、放射等美的法则进行重新组织，打破原纹样的视觉效果，进而生成新纹样。图2-69便是对变体哈木尔纹样采用拆解重构的方法进行设计：首先，选取一变体哈木尔纹样作为设计对象；其次，提取出其不同的局部，生成不同的单独式纹样；再次，结合现代审美筛选出适合后期设计运用的单独式纹样；最后，按照美的法则重构，最终生成具有哈木尔纹样特征神韵的3个新纹样（图2-69最后一列）。

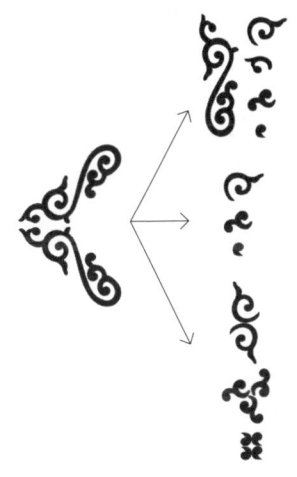

3. 增加细节设计

增加细节设计是指以哈木尔纹样原型或变体为母体，通过不断增加细节、对称或复制、多向排列等方式，最后生成新纹样的方法。如图2-70所示，以具有哈木尔纹样典型特征的变体哈木尔

图2-69 拆解重构设计举例

纹为原型［图2-70（a）］，通过不断添加细节形成单元纹样［图2-70（b）］，再将单元纹样对称复制，生成具有创新效果的新纹样［图2-70（c）］，新生成的纹样极具哈木尔纹样原型的形神特征。又如图2-71中，将单独式哈木尔纹样原型勾联形成闭合式组合，再在其内外增加其他纹样，层层叠加、繁复华丽，形成组合类创新兼具哈木尔纹样核心特色的新纹样，毫无疑问，通过组合＋增加细节设计可使哈木尔纹样达到创新。值得一提的是，这需要设计者具备一定的二维图形美学知识。

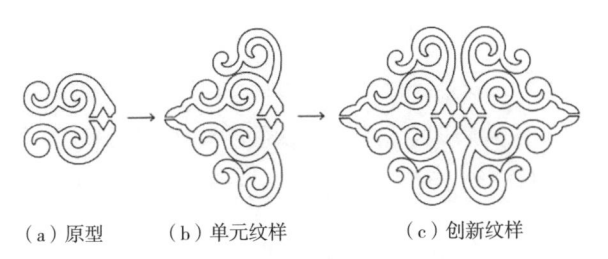

（a）原型　（b）单元纹样　（c）创新纹样

图2-70 增加细节设计举例一　　　　图2-71 增加细节设计举例二

4. 闭合式纹样设计

借鉴哈木尔纹样组合造型方法，将变体哈木尔纹样与其他题材的纹样组合，可将其与传统纹样组合，也可将其与现代纹样组合，组合过程中形成闭环，整体效果独立、细节感强。如图2-72所示，首先，基于哈木尔纹样原型，进行变体设计，生成单元纹样，即变体哈木尔纹样，其次，将变体哈木尔纹样排列组合形成闭环，最后，在闭环内外添加传统题材纹样，闭合式新纹样便完成。这类纹样在设计中传承了哈木尔纹样特色，造型中循环往复的视觉感受恰

（a）案例1　　　　　　　　　　　（b）案例2

图2-72　闭合式纹样设计案例

好契合了哈木尔纹样生生不息的文化内涵。需要说明的是，一方面，在添加新纹样的时候，选择传统题材还是现代题材的纹样可以依据设计需求定位，本书中的纹样设计以强调文化底蕴为特色，因此选择了传统题材的纹样进行组合安排；另一方面，组合过程中，需要不断放大、缩小及调整方向、位置等，以达到较好的视觉效果。

5.连续式纹样设计

连续式设计可分为两种方式进行，一是将哈木尔纹样原型或者结合其他类纹样进行左右方向上的无限延伸排列，即二方连续状排列；二是将哈木尔纹样原型或者变体二方连续状排列之后，再与其他类纹样组合，其他类纹样可以是二方连续也可以是四方连续或者渐变状等，如图2-73所示。图2-73（a）中，将哈木尔纹样原型及其变体纹样和传统类纹样作为连续的组合式单元纹样，之后横向重复排列，形成二方连续式纹样，不同大小纹样的重复排列，使整体造型极富有层次及节奏。图2-73（b）中，对纹样进行了并列组合及二方连续状排列设计，再将其与二方连续式几何纹样进行纵向排列组合，形成阵列及块面，这一连续式纹样以哈木尔纹样为主要表现对象，不同块面的纹样以连续状为主要特征，纹样整体连续、繁复，块面中又各具特色，造型极为有趣，引人注目。

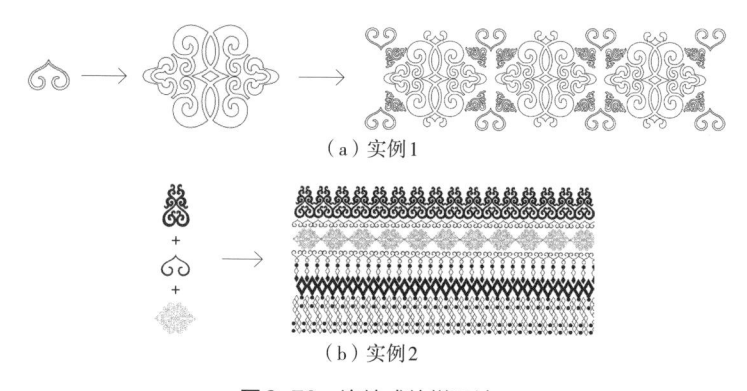

（a）实例1

（b）实例2

图2-73　连续式纹样设计

（四）应用

1. 应用部位分析

（1）局部应用

局部应用包括边缘应用、一点应用、散点应用3类。边缘应用一是指将纹样沿衣身的边缘应用，如领口线处、肩缝处、侧缝处或下摆处；二是指将纹样应用于衣袖的边缘，如袖窿弧线处、底缝线处和袖口处，应用恰当，可使服装整体具有个性特征及创新感。一点应用则是指纹样应用于服装的某一局部，如衣领、衣袖、衣身左上角、中心或后背等部位。主要特征是服装整体只有一处纹样。纹样的散点应用与一点应用不同，其主要特点是纹样出现于服装的多处，其部位可选择衣身或衣袖的某处或衣身+衣袖的某处等，散点应用效果随意、舒适、轻松，但应用过程中需要多次调整，以达到较具美感的效果。另外，散点应用需要设计者确定主辅纹样，应用过程中，可遵循主纹样面积大、辅纹样面积小的应用原则，以强调纹样的主次之美。同时还可以运用对称式或均衡式的应用布局，其中，对称式布局稳定、平衡，均衡式布局灵活、生动，二者各具特色。

（2）整体应用

属于满花装饰的一种方式，指将纹样应用于服装的全身，这类应用形式饱满，应用面积大，较具有视觉张力，但对纹样设计要求较高，如对纹样之间的穿插关系的美的表达、纹样的动静美的表达等方面都要有所考虑。整体应用可分为对称式满花、拼贴式满花、均衡式满花3类。对称式满花常以服装的前中心线为对称轴，纹样呈左右对称状；拼贴式满花指纹样之间具有拼贴的视觉效果，服装整体犹如百衲衣的感觉，别有一番风韵；均衡式满花在视觉上打破了对称式满花的严谨，可产生自由、洒脱之感。

2. 色彩搭配分析

（1）纹样自身的色彩搭配

色彩搭配可分为色彩基调法、明度对比法、同类色+撞色法3类搭配方式。其中，色彩基调法是指纹样的色彩搭配倾向于某种色彩的调性，如倾向红色调、蓝色调、黄色调等；明度对比法是指纹样的色彩明度对比明显，如可采用大面积低明度色彩+小面积高明度色彩搭配，或大面积高明度色彩+大面积低明度色彩搭配等，通过明度对比使纹样层次更加鲜明和多样；同类色+撞色法，适合色相较多的纹样，因撞色效果，可使纹样层次丰富、对比强烈，同时亦可打破同类色搭配的单一、单调、乏味之感。

(2) 纹样与底色的呼应搭配

将纹样应用于服装中，服装自身的色彩选择至关重要。常用的方法便是纹样色彩呼应法，包括色调的呼应和色相的呼应2类。如纹样整体色调倾向于灰色调，服装自身的色彩则适宜选择灰色调，使二者相互融合、浑然一体；又如可以从纹样色彩中选择一种或几种色彩，用于服装自身的色彩，这样既可形成色相的呼应，又可使二者形成我中有你、你中有我的状态。

3.应用方法分析

色彩搭配、应用部位、加工工艺是新纹样应用过程中应关键思考的对象。

首先，从纹样自身色彩搭配的3类方法中适当选择，对新纹样进行色彩搭配设计；其次，在应用过程中，应用部位可分别从局部应用和整体应用中的3类方法中进行适当选择加以应用；再次，从纹样与底色呼应搭配的两类方法中恰当选择进行服装整体色彩设计；最后，完成方案的彩色效果呈现。值得注意的是，以上内容可自由组合搭配，以达到最好的效果。

4.应用实践

将书中新纹样[图2-72(b)、图2-73]与男士针织成型毛衫相结合，具体应用过程如图2-74~图2-76所示。

其中，款式设计以可穿性为出发点，将基础款创新，强调舒适性，实用中不乏时尚感。实践1，纹样自身的色彩搭配采用色彩基调法完成，从左到右分别为绿蓝色、绿色和黄橙色基调，和谐统一；纹样与底色（毛衫色）采用呼应的手法，使毛衫色与纹样色达到高度统一；均选择较为传统的定位浮线提花工艺，以更好地衬托纹样艺术特色。实践2，纹样自身的色彩搭配有中明

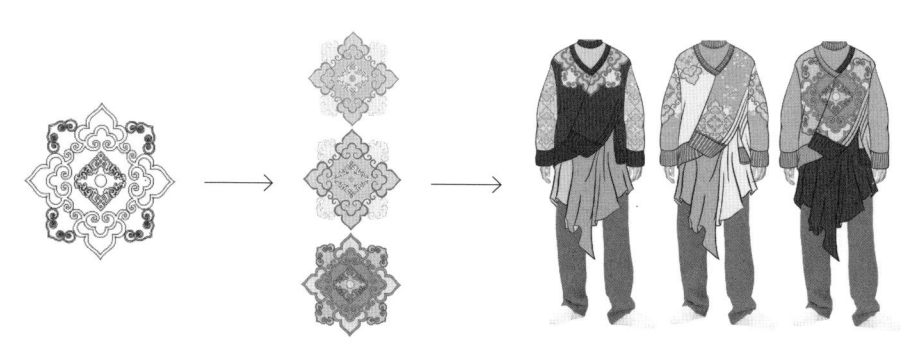

图2-74 实践范例1

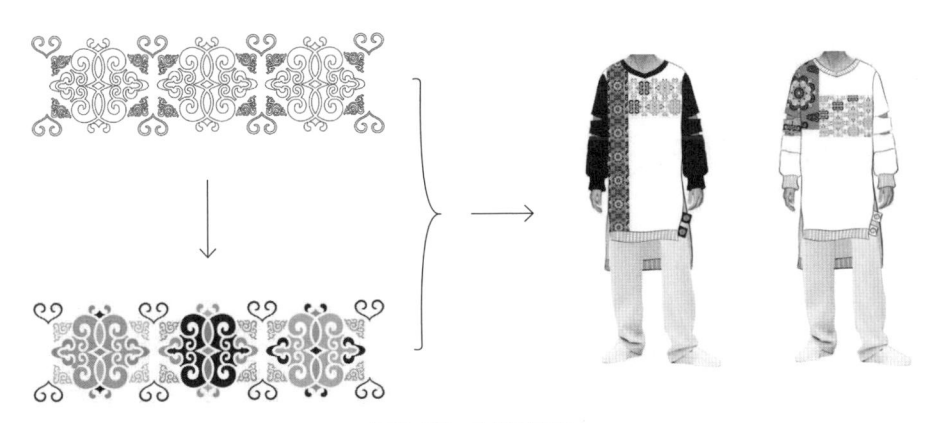

图2-75 实践范例2

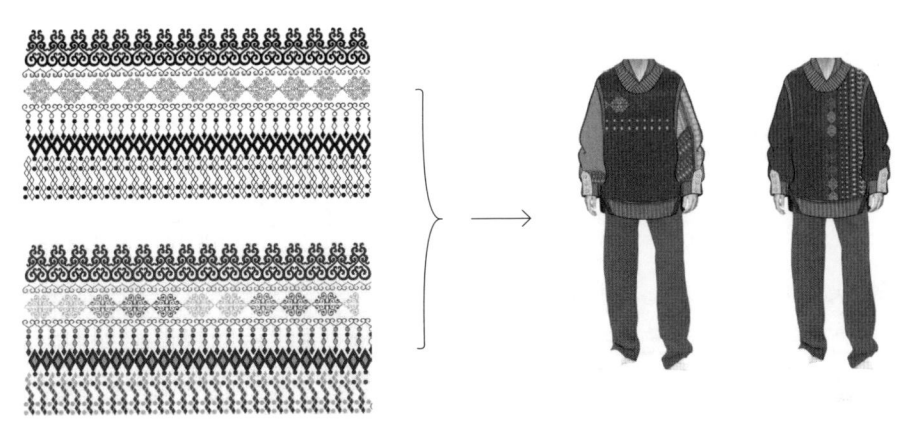

图2-76 实践范例3

度+中明度,也有大面积低明度+小面积中明度,还有大面积中明度+小面积低明度,色彩搭配主要体现层次之美;毛衫色选用万能的白色和黑色,对纹样起到调和、衬托作用;均采用边缘应用+一点应用,加之对新纹样的拼贴式处理及不同纹样的重组,使得两款男士毛衫极具特色,视觉吸引力强;纹样造型复杂、构型繁复,应用中纹样方向性强,再加上拼贴式设计,加剧了纹样实现难度,因此,实践2中的男士毛衫纹样加工工艺选用数码印染。实践3,纹样自身选择同类色+撞色法搭配,统一中有变化,生动、和谐;毛衫色选择冷绿色,沉稳、冷静,与纹样色既有对比也有呼应;两款中,左款为散点应用,右款采用一点应用,因纹样自身较复杂(二方连续式传统纹样+几何纹样的组合),整体效果特色鲜明;散点应用设计感强,一点应用简洁有力,又不缺乏醒目的视觉感受;两款均使用芝麻点提花工艺,以提高纹样的高级感视觉效果。

第四节

服装风格与设计

掌握服装风格对于服装造型设计具有一定的指导作用，同时，也是对设计者设计理论的补充。常见的服装风格有极简主义风格、波普风格、学院风风格、中性风格、哥特风格等。

一、极简主义风格

"极简主义"也被称为"极少主义"或"ABC主义"，是20世纪60年代产生于美国的艺术流派，后延伸到西方其他国家，是西方重要的现代艺术流派之一。"极简主义"一词源于对当时抽象表现主义的抵制，旨在消除作品对观者的压迫感，追求形式上的简单极致、思想上的优雅。

极简主义最显著的特征就是简洁，符合现代人绿色健康的生活理念，有着返璞归真的特质。其追求的是一种纯粹的、无杂质的艺术效果。极简主义者的宣言是"少即是多"，即以最简单的形式、最基本的处理方法、最理性的设计手段求得最深入人心的艺术感受。但"少"并不是一种盲目的削减，而是复杂的升华，往往表达出耐人寻味的激情，是一种高品质的体现。崇尚极简主义的艺术家们本着"减少、减少、再减少"的原则对艺术品进行处理。采用的艺术元素全都本着"简单"二字进行创作，尽量保持形式的完美，杜绝一切繁杂干扰。形式的简约、明晰、外向，追求单一性、不做任何多余的表面装饰，强调整体统一、直截了当，拒绝矫揉造作、混乱无序。用最少的"视觉噪声"满足最大限度的功能要求，追求光滑和平整，去除人为的痕迹，力求呈现出一种宁静的美感。

（一）极简主义风格服装代表设计者

1. 吉尔·桑达（Jil Sander）

由于极简的美学和简洁的线条而闻名。极简主义一向不愁其追随者，但是很少有设计者能够像吉尔·桑达那样将其作为一种艺术而研究。

2. 乔治·阿玛尼（Giorgio Armani）

乔治·阿玛尼遵循三个黄金原则：一是去掉任何不必要的东西；二是注重舒适；三是最华丽的东西实际上是最简单的。美国时装设计者比尔·伯拉斯（Bill Berras）这样评价阿玛尼和他的服装："他的女装款式设计，的确有独到之处，无懈可击，他是时代的天才。"不是男女性别的截然划分，不是日装和晚装的严密分界，乔治·阿玛尼特立独行的风格、个性的色彩和文化冲突与交流造就的时髦，使他自20世纪80年代起就一直被认同是极有影响力的时装设计者之一。

（二）极简主义风格服装设计方法

1. 服装色彩方面

对于服装设计者来说，色彩情感的表达方式是不容忽视的，合理的色彩运用会让服装设计作品更加赏心悦目，也更能清晰直观地表达出服装的思想内容。色彩有很强的目的性，不但要突出创意，还要有良好的视觉美感；不但要体现出服装的个性，还要给人们带来艺术享受。极简主义风格服装，色彩常用黑白灰，甚至灰色也不多，极致白、极致黑或黑白搭配更多，最多加入纯度很低的少量有彩色，包括蓝、咖、红、绿色系以及本白色、漂白色等，运用简单的色彩来表达服装，可以给消费者带来简单、明快、个性的视觉感受。

2. 款型方面

廓型是服装设计的要素之一，追求的是一种轻松、自然、舒适的着装状态，不但要考虑款式的整体比例关系，还要考虑与人体理想形象的协调关系，在设计法则中擅长运用减法法则，舍弃些无关紧要的装饰和繁杂的设计，能用一粒扣就绝不会用第二粒扣，能用一种颜色就绝不会用两种颜色。设计上注重精简，但绝不是单纯的精简，而是通过合理的款式设计给人们带来视觉上的舒适感（图2-77）。这种简约的设计其实更加考验的是设计的内涵，对设计者的设计水平、审美、综合等能力都有着很高的要求。

图2-77　极简主义风格服装

（三）极简主义风格服装设计实践范例

图2-78主题为"墨香"，灵感源于职场女性，黑色和西服是职场的常见元素，整体色调为黑灰色彩，给人稳重、成熟的感觉，款式造型均采用收腰的衣型，既勾勒女子美好体态，又有职场服装的风范。此系列服装强调极简主义风格的"少即是多"理念，体现职场女性的干练、知性。

图2-78　极简主义风格服装与设计实践效果图

二、波普风格

波普这个词来自英语的Popular（大众化），最早源于英国。第二次世界大战以后的新生一代对于风格单调、缺乏人情味的现代主义、国际主义设计十分反感，认为它们是陈旧的、过时的观念的体现，他们希望有新的设计风格来体现新的消费观念、文化认同立场、自我表现中心，于是在英国青年设计家中出现了波普设计运动。

波普设计者惯用的创作手法是覆盖、粘贴，借用现成的作品进行二度创作，赋予它新的意义。通过结合相似或不同的影像，来塑造大量信息融合的作品。其中的很多图片都源于杂志、漫画书、广告等。其效果是为了使艺术与人之间形成类比。

图形是波普风格的主要表现手段，设计者从音乐、电影、绘画及各类街头文化中汲取灵感，以线条、色彩或照片的形式表现。波普设计者在创作中往往运用写实手法对可乐罐头、啤酒瓶、美元等日常生活中常见的东西进行放大、重复或剥离，并以新的手法加以表现，从而产生新的视觉形象。

从设计上说波普风格并不是一种单纯的、一致性的风格，而是各种风格的混合，在设计中强调新奇与独特，并大胆采用鲜艳的色彩。

波普风格服装设计实践范例如图2-79所示。大胆运用了鲜艳的色彩搭配，呈现出设计者对波普风格的理解诠释。

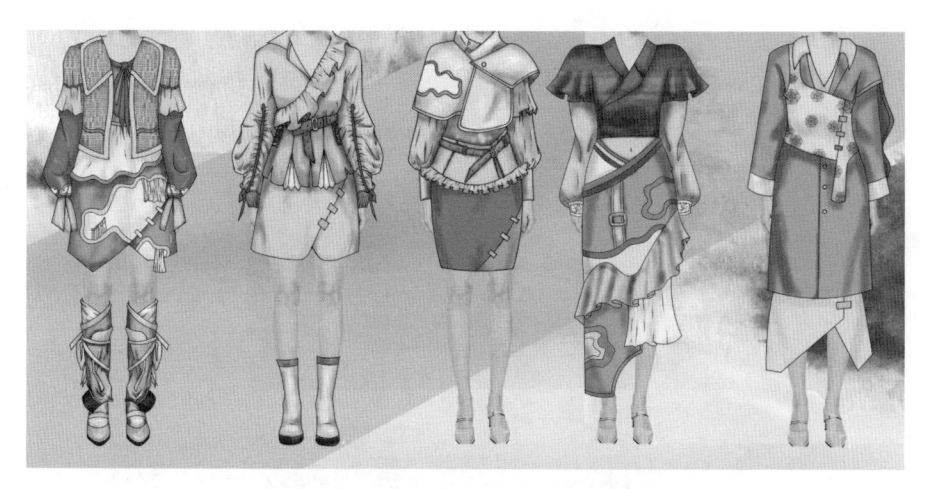

图2-79　波普风格服装与设计实践效果图

三、学院风风格

（一）款式特征

主要单品有无袖背心、连帽卫衣、翻领马球衫、格纹棉布衬衫、V型领毛衣、宽松带风帽粗呢大衣、甜美的百褶裙、白色的长裤、工装裤、板球毛衣和渔夫毛衣等，胸前也会有Logo或者徽章。学院风风格服装于版型的第一个要求是：无论哪种单品，必须要简单利落，裁剪修身，可以略有点缀，但不能过于花哨。

（二）色彩设计

学院风风格服装强调基本简单的色彩，如红、白、蓝、褐色等，色调明亮，如常用稚嫩的米白、绿、粉红、天蓝、海军蓝等色彩，讲究色彩的相互搭配，以此制造出变化。其中，诸多以红、白、蓝为主调而且风格是为喜爱运动、旅行的人群设计，所以常常带有浓郁的海洋元素，比如锚形印花、条纹款式等。

（三）学院风风格服装设计实践范例

主题为"难得的梦"，此系列服装风格设计是以学院风风格为来源，并在此风格上加以变换。服装的主要面料以牛津面料和格子布为主，如图2-80所示。

图2-80 学院风风格服装与设计实践效果图

四、中性风格

中性风格服装具有极其广泛的适群性，不同年龄、不同性别、不同体型、不同职业的人都可以找到合适的款式。中性风格服装最大的特点是打破了长久以来固有的审美观念，忽视两性服饰的差别，以一种强大的风格力量带动时尚的流行，十分彰显个性。

（一）款式设计

中性风格服装打破以往大家对男性与女性时装的印象，不界定男女装的界限，模糊性别，以利落的裁剪和中性化设计突破性别与服装的界限，倡导性别转换观念，它包含更多对世俗挑战的意味，体现了现代人们追求自由与个性。全棉是夏季中性风格的主要面料。冬季，皮革、毛呢等面料使中性风格服装更加挺阔、硬朗。

（二）图案设计

花纹印花图案个性醒目，简洁的条纹，不同方向相互交错搭配，可以营造视觉上的丰富感，增加理性倾向，格纹凸显调皮、小清新的特点。提供一种干净的审美，将中性色调结合结构剪裁，加入几何图案和线条的律动，为简约美学增添了一个灵动、随性的形象。

进入21世纪，中性风格女装摆脱了模仿男装的主轴，无男无女特质的第三性已经成为服装设计的一大主流，跨界的无性别感是当下的时尚特征。

（三）中性风格服装设计实践范例

主题为"自我空间"，中性风格设计，不界定男女装的界限，模糊性别。此系列服装设计融入抽象化人脸和扎染工艺元素，打破常规角色的束缚；将自我需求、认知、心情等心理因素表现于服装设计中，丰富自我空间（图2-81）。

图2-81　中性风格与设计实践效果图

五、哥特风格

欧洲从12世纪中期开始进入哥特时代，哥特风格盛行于13—14世纪。哥特式是意大利文艺复兴时期人们对中世纪建筑、绘画等艺术风格的总称，"哥特"的大概意思是野蛮，虽然称谓不含什么敬意，但丝毫不影响后人们对于哥特风格的着迷和喜爱，哥特风格服装也在服装史上具有着划时代的重要意义，预示着服装中省和开剪衣片的出现。

（一）哥特风格服装的特点

受当时建筑的格调影响，哥特风格服饰品与服装主要表现为高高的冠戴、尖头的鞋、衣襟下端呈尖形和锯齿等锐角形。服装上表现出来的富于光泽和鲜明的色调，与哥特式教堂内彩色玻璃的效果一脉相通。服装款式上可以透（渔网状面料），但不露。皮革、PVC、橡胶也是必不可少的面料，束腰元素也极为常见。

（二）主要单品

夹克外套、斗篷、廓型棉衣、衬衫、灯笼裤、A型裙、裙裤等，单品丰富，可搭配性强。

（三）哥特风格与设计实践范例

此系列服装设计针对的设计对象为喜爱哥特文化的小众人群。色彩倾向红黑两色，冷静、炫酷，局部搭配十字架，还原最初始的哥特风格。主要面料以西服面料和皮质材料为主，辅料为蕾丝花边、拉链及卡扣等。设计中强调单品之间组合的随意性，尽量多地在保持简约的前提下添加合适的哥特风格元素（图2-82）。

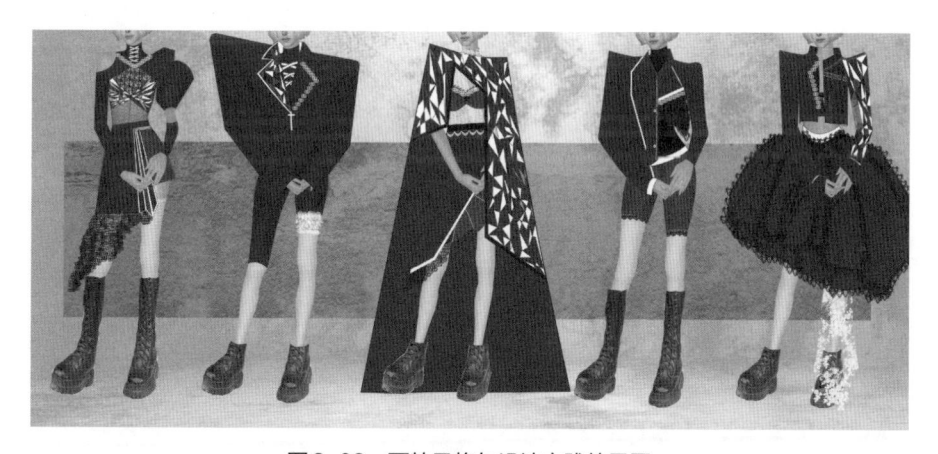

图2-82 哥特风格与设计实践效果图

对于设计者来说，通过风格设计完成一系列服装设计，这不失为一种提高设计能力的手段，具体设计方法应遵循调研——设计策划——应用设计3个步骤。具体指：首先需要对设计风格的成因、服装设计特征、设计方法等方面进行分析，其次对设计主题及款式、色彩、面料等要素策划构思，最后对这一设计风格的关键设计元素进行提取应用。其中，应用过程中应把握住设计风格的主调，避免出现风格不一致的问题。

第三章 服装设计程序

服装设计程序是指在服装设计过程中，一系列连续有规律的活动，常由设计选题、设计主题、设计过程、样衣试制、成衣实现等环节构成。对于服装设计者来说，拥有一个合乎逻辑、有效的设计程序十分关键，它对具体的设计实践具有指导作用，更有助于科学、有效地完成设计任务及提高设计效率。

第一节

服装设计程序建构框架

一、设计选题

首先确定设计选题范围和选题缘由，选题缘由可以从情感、兴趣，或者其他方面进行阐述，其次阐明选题背景、现状、意义、作用等相关内容，其中，着重阐述本选题的意义作用，且最好翔实具体。

二、设计主题

设计主题贯穿于整个系列服装设计始终，无论设计初学者还是成熟的设计者，在进行系列设计之前，通常都会拟定设计主题，作为整体系列设计的引领。这其中的重点是设计者基于前期设计选题的确定及调研，梳理归纳出设计主题名称及主题内涵。

三、设计过程

具体包括：①款式策划，即设计风格、设计方法、设计元素、色彩、面料、图案、结构、工艺等方面的构思；②灵感的确定及转化；③廓型、面料或结构实验；④线稿推进；⑤试色过程；⑥彩色效果图的确定，共6个环节。总之，设计过程需要设计者呈现出完整具体的设计推敲，并逐步调整、完善进程中各个环节内容。

四、样衣试制

侧重对设计者结构设计把控能力的考察，包括白坯样衣试制、白坯样衣存在的问题分析、制作完成的白坯样衣效果展示三个方面。其中，白坯实物与彩色效果图服装造型之间的适配度越高，对对应彩色效果图服装造型的还原度就越高，随之白坯样衣制体效果就越到位、越符合样衣试制要求。

五、成衣实现

依据白坯样衣结构设计纸样，对选定的面料进行裁剪与缝制，涉及面料设计与制作、工艺设计与制作的阐述及成衣效果展示等内容。

以上设计程序并非绝对，因人而异，设计侧重点不同，内容也会有所不同，或有所增添或有所删减，或有前后顺序有所颠倒变化，设计者在设计实践中可灵活参考应用。

第二节

服装分类设计与程序

一、创意服装设计

（一）设计选题

1. 设计选题的确定

本设计选题范围定位于鄂尔多斯市地区的可持续发展成果。以下将对其展开调研，确定设计主题、理念、设计灵感素材。

2.设计选题调研

（1）鄂尔多斯市工业循环经济模式

鄂尔多斯市以"羊、煤、土、气"闻名世界，1994年至今，本地以工业为主体的经济形态都处于快速高效发展阶段，但是工业快速发展的代价是当地环境的严重污染，鄂尔多斯市本身多丘壑和沙漠，被工业污染后使当地环境更加恶化。从2003年开始，鄂尔多斯市政府深刻认识到，只有牢固树立环保优化发展的理念，遵循自然规律和经济社会发展的基本规律，从源头上构筑环境保护体系，才能处理好经济社会发展与资源、环境的矛盾，决不能再走"先污染、后治理"的老路，于是鄂尔多斯市打造了循环经济模式，即资源制造产品产生废弃物，废弃物经过处理再循环成资源，之后再利用成产品，往复循环。具体模式关系如图3-1所示。

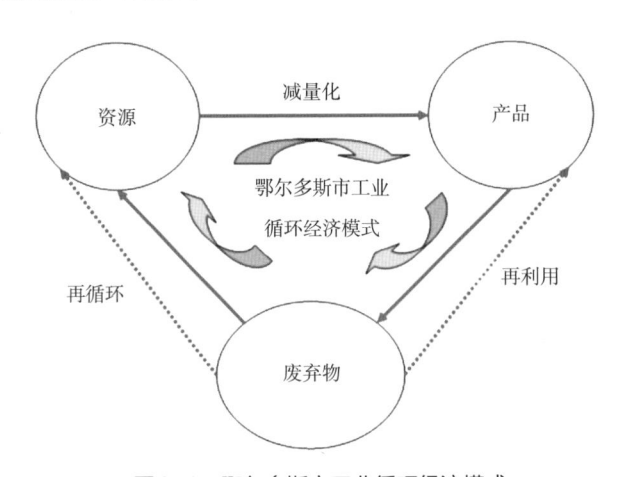

图3-1 鄂尔多斯市工业循环经济模式

（2）煤电灰铝循环产业链

在鄂尔多斯市众多循环产业链中，从煤炭开始到烧煤发电（图3-2、图3-3）会产生粉煤灰，粉煤灰作为混凝土的掺合料制成氧化铝，之后氧化铝被炼成工业铝，工业铝又制成日用五金、家用电器、日用玻璃等铝制品，最后铝制品使用后会产生废铝，废铝回收利用成为再生铝（图3-4、图3-5），其中铝的回收率超过95%，铝基本可以无限回收再利用直到耗尽，因此，铝及铝加工上下游产业链和产业集群形成一整条循环产业。

（3）调研总结

调研发现，鄂尔多斯市经济、煤电灰铝产业中都体现出"循环"这一现象，因此本设计以此为主题，展开系列创意服装设计实践。

图3-2 烧煤发电

图3-3 发电厂

图3-4 废铝练成再生铝的加工厂

图3-5 再生铝

（二）设计主题

基于对前期调研的归纳、整理、抽离，本设计主题命名为"循环名片"。设计理念是以鄂尔多斯市循环经济为设计切入点，设计带有循环元素的系列创意服装，以服装为载体体现循环的重要性，呼吁社会各界注重可持续发展。

（三）设计过程

1. 材料实验

由设计选题联想到铝箔纸这一材料，铝箔纸作为生活中很常见的一种可循环利用材料，正好契合了选题主旨。况且它的回收范围比较广泛，可塑性也极强，因此，这种材料较为适合用来做实验，寻找更多设计可能性，如图3-6所示。

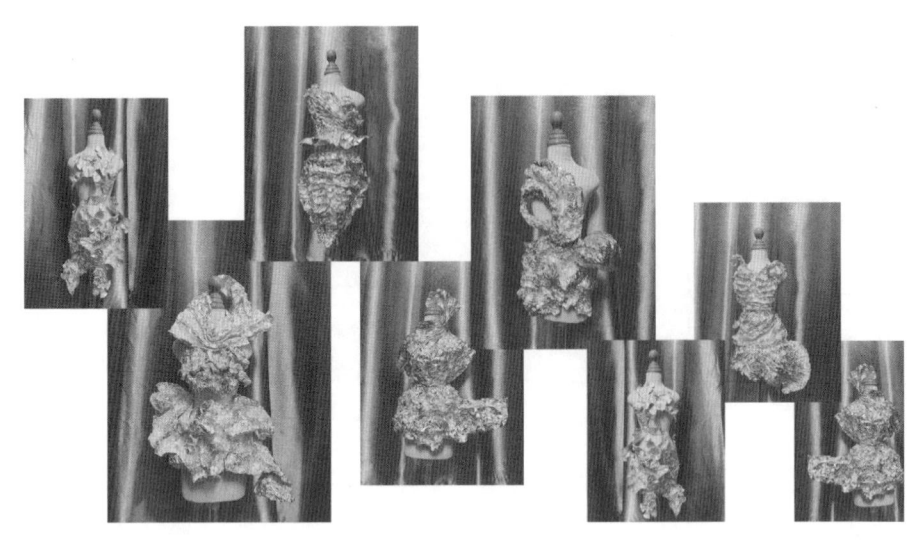

图3-6　材料实验

2. 廓型实验

为实现更多设计突破，运用拼图设计的方法，进行不同廓型设计实验，实验效果如图3-7所示。其中需要注意的是，在拼图设计过程中，拼图的原素材常需使用非服装类素材。

图3-7　廓型实验

3.设计草图及款式定稿线稿

在设计过程中,草图是酝酿设计的初期阶段。结合设计主题及设计理念,将前期材料、廓型实验相互组合、构建,其中不同肌理组合搭配出不同的设计感觉,展现出不同的服装面貌,有立体感的循环设计,也有大小不同的结构性循环设计,还有平面图案的循环设计表达等。设计草图推进如图3-8、图3-9所示。值得注意的是,设计过程中需要设计者明晰以下几个方面问题:①系列设计的核心要素;②系列设计风格与主题在视觉上形成统一;③各套服装本身需要具备各自特点,又要统一于整体系列中。

图3-8 草图(部分)

图3-9 选定的款式线稿

4.试色

为达到较好的色彩效果，需要多次试色调色，重点是对色彩的面积、明度、色相等关系的和谐度进行调整。本次设计试色调色过程如图3-10～图3-12所示。

图3-10　试色调色1

图3-11　试色调色2

图3-12　定稿之彩色效果图

设计说明：如图3-12所示，从左到右，第1套服装采用紧身设计，体现循环与人的紧密联系，袖子的穿插设计也表达了循环的概念；第2套服装整体有3层，表达内外循环结构；第3套服装包裹设计体现循环节奏；第4套服装主要体现循环过程中资源的从多到少，量减化再利用的概念；第5套服装运用了循环图案，留白处对应人体的心脏循环系统体现循环的重要性。

（四）成衣实现

成衣效果展示如图3-13所示。编织的面料改造采用反光面料填充棉絮，做成编织条进行编织。服装的主面料使用薄款高弹的太空棉，格子部分使用方形亮片面料，其他部分使用不规则条纹肌理面料。成衣制作过程中，有造型的地方粘硬衬，且局部需粘两层硬衬才能达到需要的效果，但是太硬了又导致服装与人体不够服帖，这是工艺制作的难点。另外，亮片面料在车缝过程中需要格外小心，先把缝份周围的亮片拆掉再进行缝制。面料再造前需要确定好尺寸，编织的面料再造中填棉的多少也会影响最终的效果。

图3-13 成衣效果

二、现代成衣设计

（一）设计选题

1. 设计选题的确定

以鄂尔多斯市地区治理土地荒漠化的精神为起点，展开联想、思考与构思，进行一系列设计创作。

2. 设计选题背景

鄂尔多斯市地区是我国境内土地荒漠化最严重的区域之一，探究其原因如下。

①每年各林场、牧场、农村进行大量的森林砍伐，而树木的砍伐会造成水土流失加剧，新栽种的树苗一时又难以保持平衡稳定的生态，长期如此致使植被被破坏，导致地区气候环境恶化。

②生态建设工程投机取巧，栽种好树种但却不易存活，或生长极其缓慢，远远低于原有植被的效用，造成劳民伤财的后果。

③每逢灾年，草场植被减少，牲畜数量基本稳定，导致草场压力仍很大。

④为追求经济发展，加大对牲畜的养殖，由此加重了干旱、半干旱草原的承载力。大量植被返青时便被食用，还会被连根拔起，仅留下牲畜不可食用的植物，再加上牲畜对植被的破坏践踏，地表形成风蚀口，逐渐演变为沙地。

3. 设计选题意义

植被对于地球来说意义重大，它不仅可以美化我们的家园，还可以防止水土流失、防风固沙、清除污染、净化空气、降低噪声等，因此保护植被对我们每个人来说都是责任。本次设计从所学专业出发，通过服装设计表达植树人坚持不懈、锲而不舍的精神信念。

（二）设计主题

设计主题为"逆行者"，设计理念是以服装为载体，呈现土地荒漠化的治理取得显著成效，赞扬植树造林工作者坚持不懈、锲而不舍的精神。

（三）设计过程

1. 图案设计

提取沙漠纹理与龟裂地表形状，如图3-14、图3-15所示。设计方法上，主要运用镂空设计方法。以裁剪镂空工艺为主，辅以网眼镂空法，将两种制作方法相结合来进行图案设计。镂空即为雕刻，即在物体上雕刻出穿透物体的字样、花纹等，它的特点是突出物体层次美感，赋予设计更高的美学价值。

图案镂空的位置布局在服装后背、肩袖衔接部位、袖子、前中片以及下装。后背的镂空适当突出女性曲线美以及男性肌肉群的力量美；肩和袖子部位镂空，不做结构的分离；下装裤边镂空，增添视觉美感。

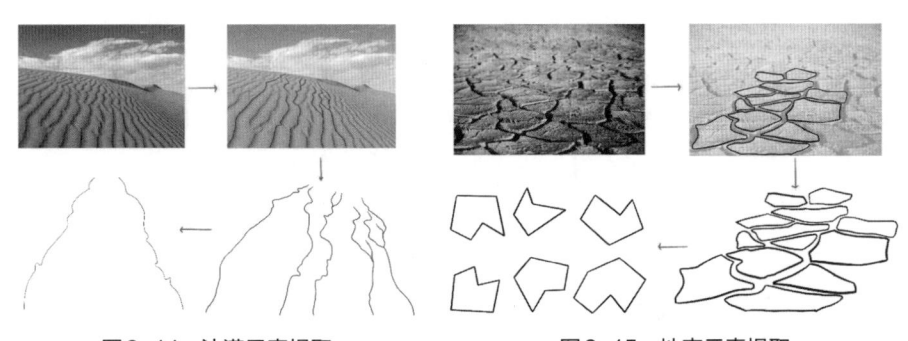

图3-14　沙漠元素提取　　　　图3-15　地表元素提取

2. 设计风格

定位于中性风，穿搭风格自由自在、无拘无束，体现当今社会人们对美好生活的向往。

3. 款式

上装以H廓型为主，衣身肩部、腰部、臀部、下摆维度趋于相同；裤子均以直筒廓型为主要特点，上下装弱化整体的肩、腰、臀差。

5. 色彩

选择军绿色、卡其色、黑色和白色进行色彩搭配设计。军绿色能给人带来一种平静、细腻感，卡其色也是一种比较低调的颜色，更是大地色系中较为经典的色彩，能表达坚毅、默默无闻的思想情感。而黑色神秘、恐惧，让人有无助感，白色却带来了希望。

6. 面料

上装选用人造皮革，因为它能更好地表现设计主题方向；选用斜纹布作为裤子、内搭的面料，它软硬适中并且比较耐磨，可体现出坚毅感，契合本次设计作所要表达的精神品质。

7. 设计草图及彩色效果图

起初主要的设计问题是款式上过于烦琐并且拘谨，风格有些跑偏，细节不够完善，如图3-16、图3-17所示。

图3-16　设计草图1

图3-17　设计草图2

8. 定稿线稿及彩色效果

经过修改之后，基本达到理想设计效果，如图3-18所示。彩色效果图如图3-19所示。

图3-18　设计草图3

图3-19　定稿款式的彩色效果图

9.服装细节设计

衣身左右不对称；袖子进行了分割设计；吊带裙为单肩背带且不对称[图3-20（a）]。内搭的门襟设计强调不对称，采用暗扣的形式；裤子双腰头的镂空设计取代了口袋[图3-20（b）]。内搭的袖子采用了不对称镂空插肩袖设计；裤子也采用了不对称设计[图3-20（c）]。外套搭门采用了不对称设计；袖中线捏了省道；裤子双层重叠增加层次和体积感[图3-20（d）]。外套的衣领做了西装领设计，但是与普通西装领不同的是这个衣领呈立体状，以此尝试对衣领设计的突破[图3-20（e）]。

(a)

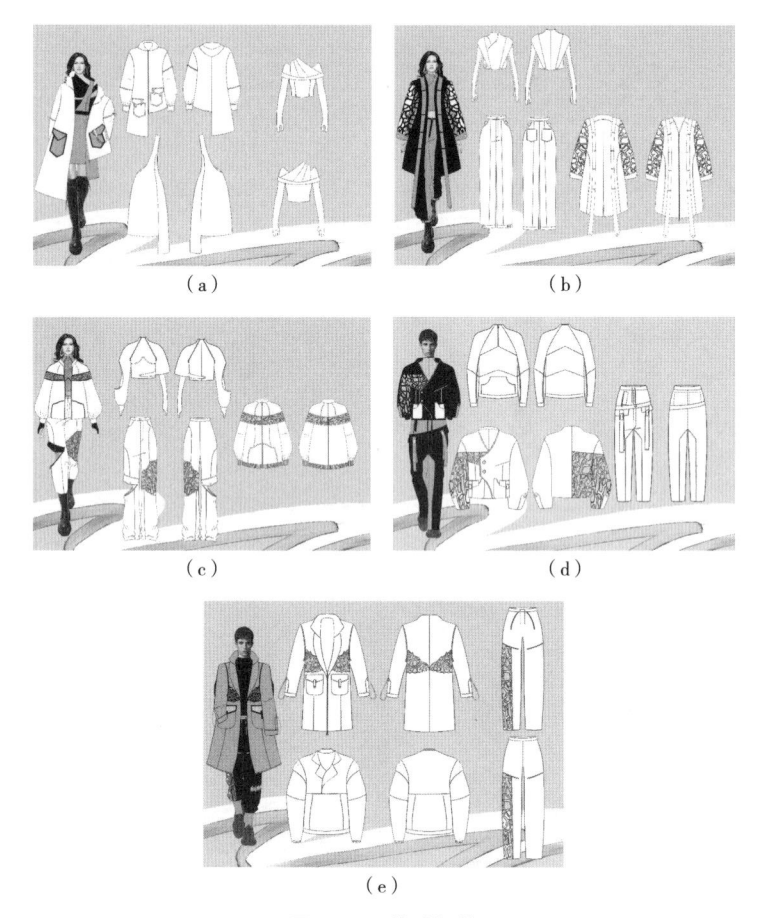

(b)

(c)

(d)

(e)

图3-20　款式细节

（四）成衣实现

简洁大方的镂空图案，不仅丰富了服装细节，更增强了服装的视觉冲击效果，成衣如图3-21所示。

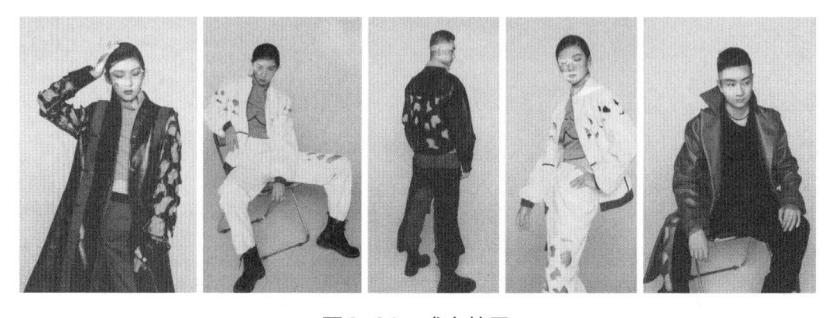

图3-21　成衣效果

三、编织元素服装设计

（一）设计选题

禄马风旗，意为"希望之马""时运之骏"，这是一种地方文化的沉淀，也是一种对地方文化的信仰。

（二）设计选题意义

通过服装设计语言传递地方文化，呼吁人们要做好文化传承与保护，让文化悠久流传，经久不衰。

（三）设计主题

主题名称为"希骥"，设计理念是将地方文化、设计创意融合到一起，充分体现文化设计创新的主旨思想及宣扬禄马风旗文化精神。

（四）设计过程

1. 设计方法

（1）夸张法

阔肩设计：肩部的加宽及肩部的特殊设计给人一种雕塑般的质感，可以丰富整体的风格。廓型对比设计：夸张的X廓型是对夸张法的直接解读，这主要表现在扩张的肩部设计与收紧的腰部设计所形成的放与收的强烈对比效果。

（2）对比法

量体裁衣A廓型的裙子，最大限度地突出了腰身与下摆的比例，形成对比。

（3）再造法

以面料再造为主要特色，如面料再造中的增型设计，可用两种不同颜色的线在现有面料上进行车缝。

2. 设计构想

以禄马风旗为灵感，针对禄马风旗的造型、色彩展开设计创意实践。

3. 设计风格

定位为休闲风格，单品相对比较宽松，设计形式上以简约为主。

4. 元素提取与转化

提取禄马风旗的造型，转化为服装设计元素；将静止的禄马风旗和飘动的禄马风旗的形状进行组合变形，用绗缝和编织的工艺进行设计表达，用不同的编织方法体现不同的禄马风旗细节；提取禄马风旗的色彩转化为服装色彩元素，同时在原有面料上进行手绘，再用绗缝工艺进行面料再造设计。如图3-22所示。

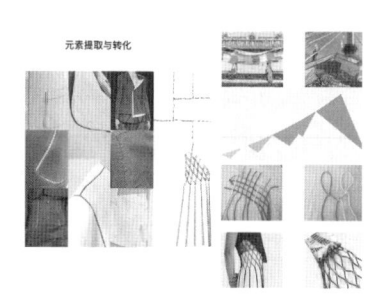

图3-22 元素提取与转化

5. 服装设计要素设计

廓型以利落简约的直身版型为基础，加强衣服下摆的量感、硬挺感，一字型的宽肩造型，超长及地大衣，腰线比例拉长；A型下摆，注重收腰，腰线与裙摆形成维度对比；注重肩部和腰部的雕塑感轮廓，尤其是对腰部极为讲究，运用多种方式达到收腰的效果，塑造曲线感。色彩提取禄马风旗上的颜色，蓝色象征纯洁无瑕的蓝天，黄色象征地肥草茂的土地，绿色象征鲜花竞放的草原，白色象征自由欢快的羊群，红色象征生活幸福、国泰民安。面料选用白色的不规则线条压褶肌理面料，鲨鱼皮哑光防绒防水面料，编织部分选用彩色麻绳材料。

6. 设计草图及彩色效果图

如图3-23、图3-24所示，主要设计问题是缺乏设计感和系列感，色彩搭配也不够高级。

图3-23 设计草图1

图3-24　设计草图1着色效果

如图3-25、图3-26所示，主要设计问题是地域风格过强，元素使用过多，且款式类型较相似，整体缺乏现代时尚感与设计创意。

修改之后，最终设计草图及彩色效果图如图3-27、图3-28所示。

图3-25　设计草图2

图3-26　设计草图2着色效果

图3-27　设计草图3

图3-28　对设计草图3的着色效果（最终定稿彩色效果图）

7.面料设计

在面料上手绘图案，再用不同颜色的线绗缝。绗缝至今已有50余年的历史，其作为一种服装工艺，是一种增加衣服美感的重要手段，如图3-29所示。

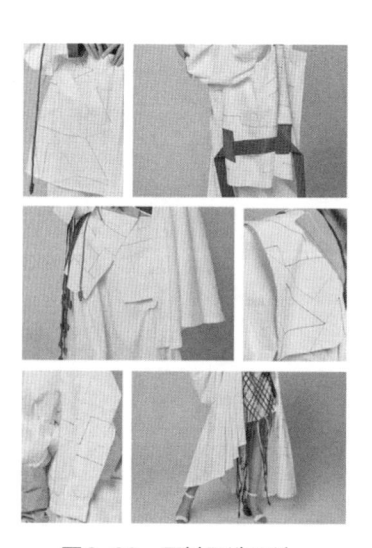

图3-29　面料再造设计

8.样衣试制及问题

在制作成衣过程中，白坯样衣试制是必不可少的环节，其中，创意类结构设计比较复杂、难度大，版型比较夸张，有些复杂的板型需要平裁加立裁才能出效果。

版型主要问题分析：图3-30比例问题比较严重，而且编织所用的绳子较纤细，没有呈现出效果图中预设的效果，最外面的小衫肩部垂坠下来，需要修改样板，裤子的褶皱也不够自然，需要重新打板。

图3-31袖子的造型没有呈现出来，肩部比例略窄，腰带的位置和系带方式与彩色效果图相差大。

图3-32肩部造型较小，比例不符，领子较高，比例失调导致服装造型没有呈现出来。

图3-33肩部线条不符，袖子造型不够美观，门襟倾斜角度不准确，上衣衣长过长。

图3-34袖子造型与彩色效果图不符，裙子与裤子比例造型失调，肩腰比较小，裤子应是微喇叭造型，制作成了直筒造型。

制作白坯过程中，编织部分由于绳子太纤细所以效果不是很好，为了尽可能地还原效果图效果，采用热熔胶将绳子固定起来，形成了网状结构，但缺点也很明显，单薄缺少层次感和灵活性，最终选择用编织工艺进行试验，同时选用较粗的绳子。实验过程中发现，一种编织花样略显单调乏味，因此，采用多种编织工艺进行试验，丰富服装细节，呈现最佳效果。运用衍缝工艺将服装上

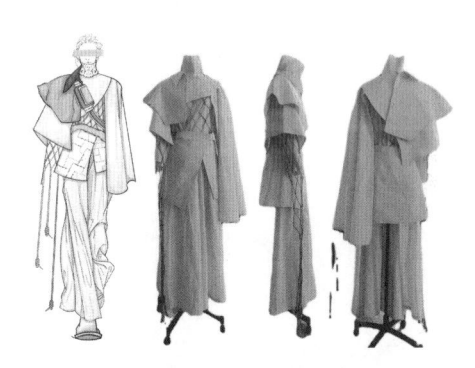

图3-30　样衣1

图3-31　样衣2

图3-32　样衣3

图3-33　样衣4　　　　　　　　　图3-34　样衣5

的图案展现出来，增加服装的肌理感。部分袖褶采用平裁与立裁结合，以达到与定稿彩色效果图的一致性，将设计效果合理化呈现。成衣效果如图3-35所示。

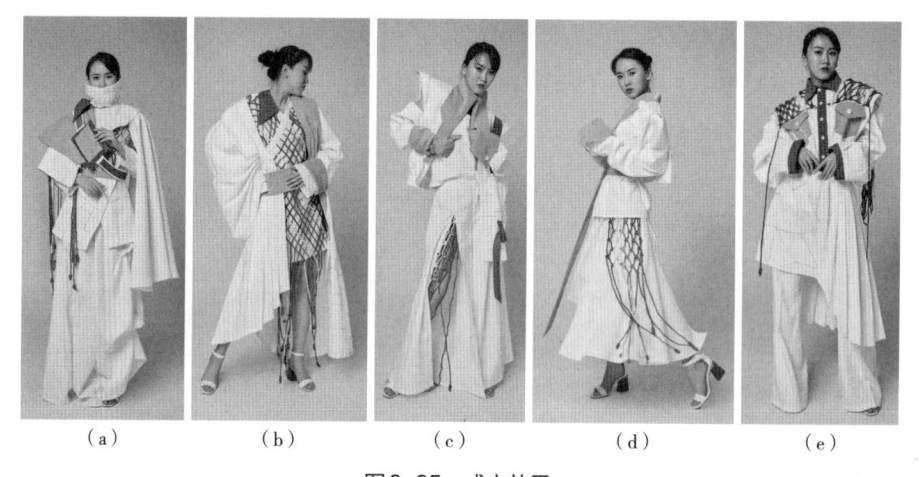

（a）　　　（b）　　　（c）　　　（d）　　　（e）

图3-35　成衣效果

四、中式元素服装设计

（一）设计选题

1. 设计选题的确定

新冠疫情期间，疾病给人类社会带来极其深远的影响，当今人们对身体防护意识加强，对身体的关注增加。那么，在当今时代背景下如何通过服装设计给人温暖，提醒人们保护身体，给人以温养是本设计探究的问题。

2.设计选题背景

蒙医药学吸收了藏医、中医及古印度医学理论的精华，是蒙古族人民在长期的医疗实践中逐步形成与发展的，并具有鲜明民族特色、地域特点和独特理论体系、临床特点的民族传统医学。蒙医药是内蒙古第一批非物质文化遗产名录中传统医药的分支，党的十八大中明确提出要大力扶持中医药和民族医药事业的发展，内蒙古自治区将蒙医药服务贸易纳入"一带一路"倡议。

3.设计选题意义

服装设计语言有显性和隐性之分，显性符号是直观的、可视化的，如造型、色彩、图案、工艺、材质等；隐性符号是抽象的、含蓄的，如灵感、思想、观念、精神情感等。

在设计中，运用象征手法与服装跨界融合。例如：肉苁蓉预防感冒，麻黄发汗力强，可治疗肺虚咳嗽，山沉香暖胃等，这些药材都具有滋养身体的功效，如果在服装中加以可视化运用，能传达给人以温暖，增强对疾病的抵抗力，给人以力量。

（二）设计主题

设计主题为"抵·愈"，以阿拉善地区传统蒙医医学药材的温养、治疗作用为主题灵感，将其运用于服装设计中，药材带给人们抵抗疾病以及治愈疾病的作用，保护人们的身体，从心理上帮助恢复身体系统的平衡并提高免疫功能，使人们的精神以及心灵获得治愈。

（三）设计过程

1.选题调研

蒙医药学具有悠久的历史及完整的理论体系。不仅是蒙古族文化的宝贵财富，也是内蒙古医疗事业的特色与优势。蒙古族以游牧为主，在寒冷干燥的自然环境中发明和积累了大量医疗保健知识，逐步完善基础民族医学体系。

蒙古族先民发明针刺疗术。人在烘火取暖、借火照明、用火加工熟食的过程中，发现烤火可以减轻或缓解身体的某些病痛，著名的灸疗是蒙古族的传统疗术之一，这种疗法是从热传疗法基础上发展而来。

蒙古族利用植物治疗疾病，古典著作中记载了蒙古族生活地区的特产药用寄生植物——肉苁蓉。唐朝医学家孙思邈的《千金要方》记述祛寒丸，由桂心、干姜等四味药配成的蜜丸，反映了古代北方民族很早就有相当先进的药剂知识。

2.设计构想

将阿拉善地区传统蒙医医学技法、药材、药材植物纹样与服装相融合。服装款式为宽松廓型，解放人体，使人体处于空无状态；服装局部增加流苏绣，丰富层次。服装面料以亚麻、棉为主，纱等为辅，并用植物染、流苏绣等工艺体现中式风，在配饰上采用菱形形状，凸显服装风格。服装色彩上采用低饱和度中药材颜色，如褐色、土黄色等，给人温暖舒适，心情放松的感觉。

3.设计风格

定位于时尚中式风，体现中式韵味，注重可穿性，主张不过分设计，细节上通过面料肌理、工艺等体现蒙医药材特点，强调面料再造的品质。

4.元素提取与转化

将包装药的虎头包形状进行提取，并修改圆滑；拆解药包，重组捆绑的形态运用在服装款式中。将药包散开后的形态提取成为面料肌理；将传统蒙医工具形态抽象成为面料肌理，丰富服装效果。纹样提取自草药生长前的植物纹并进行流苏绣。色彩从中药材中提取低饱和度颜色，强调自然与返璞归真的感觉。

5.服装设计要素设计

在造型上使用A、H等宽松廓形，解放人体，不受约束；增加不对称设计、镂空设计等；绑带设计体现蒙医药材在身体与健康的关系中的连接治愈作用；肋骨的变形设计提醒着人们时刻注意自己的身体，具有线条的流动感；缠裹等方式体现蒙医药材带给人的治愈以及抵抗病毒作用。

6.设计草图及定稿彩色效果图

①设计草图推进，如图3-36~图3-45所示。需要设计者注意的是，在草图推进过程中，最好把款式细节标注出来，这包括细节设计、使用的面料、色彩的位置与布局等，总之标注的越详尽越好。

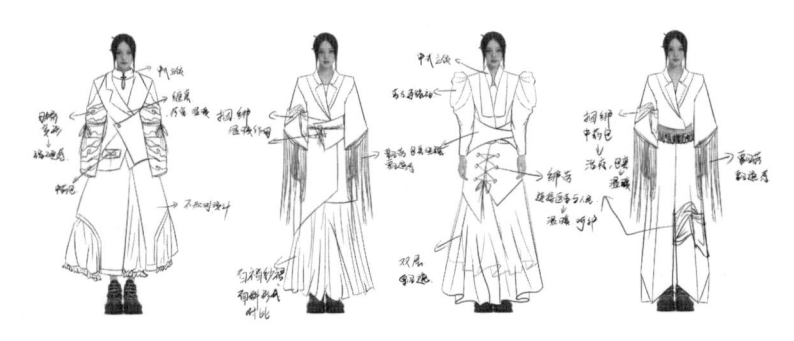

图 3-36　设计草图 1

图 3-37　设计草图 2

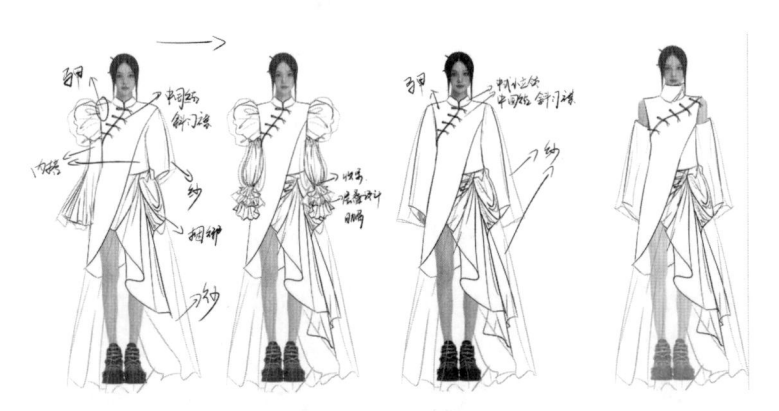

图 3-38　设计草图 3

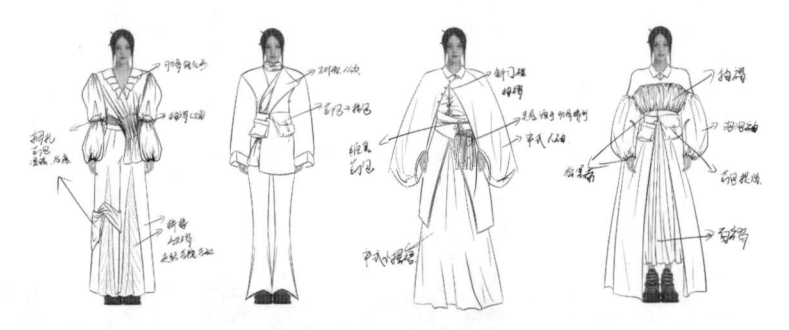

图 3-39　设计草图 4

图3-40　可进一步深入的线稿1

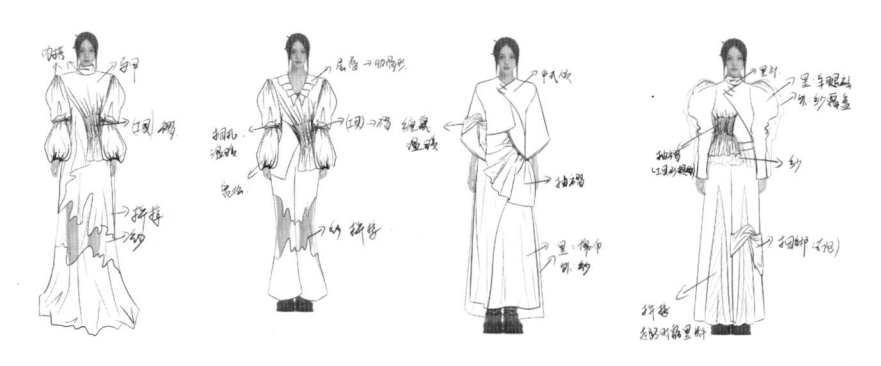

图3-41　可进一步深入的线稿2

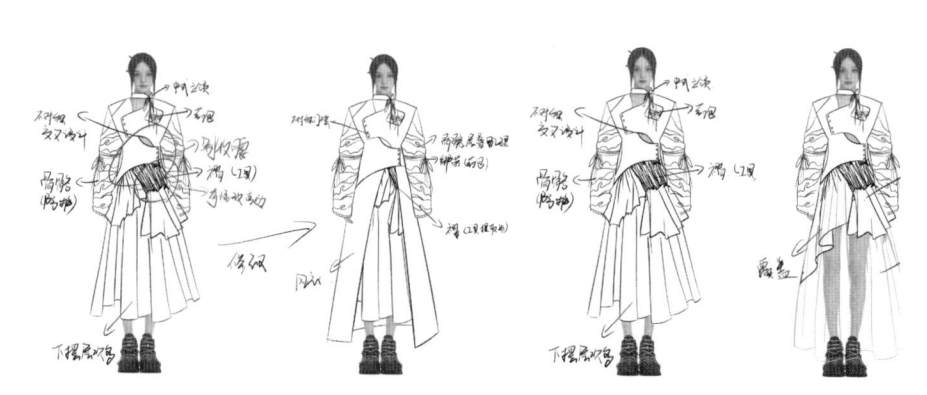

图3-42　可细节调整的款式线稿

②定稿后修改，如图3-43、图3-44所示。

图3-43　整体修改后的设计草图1

图3-44　整体修改后的设计草图2

③基于图3-44的修改，结合整体系列感及细节设计，最终定稿，如图3-45所示。

图3-45　定稿的款式线稿

④彩色效果图的面料调整及色彩搭配设计修改过程，如图3-46~图3-54所示。

图3-46　效果图修改1

图3-47　效果图修改2
（尝试对深色面料增加面料肌理，但效果不佳）

图3-48　效果图修改3

图3-49　效果图补充细节

图3-50　继续修改细节

图3-51　增加包袋配饰

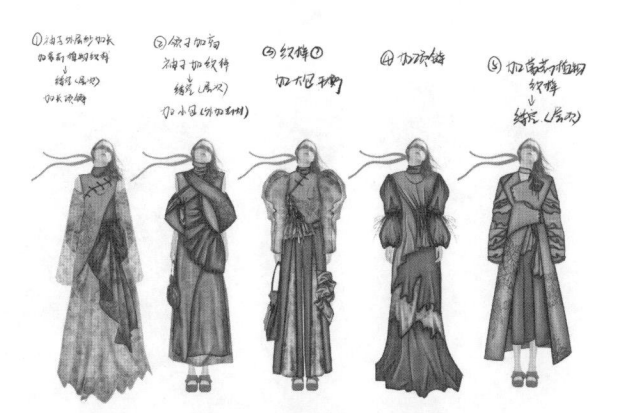

图3-52　增加刺绣图案

图3-53 继续调整效果

图3-54 添加背景及进行排版设计

⑤定稿最终彩色效果图定稿，如图3-55所示。

图3-55 定稿最终彩色效果图

（四）样衣试制

1. 面料设计

服装整体体现高级中式风格。第一次面料选择上，选用纯麻质地无光泽面料以及肌理面料，但做出的成衣质感较为粗糙；在第二次面料选择上选用光滑柔软、哑光且不易皱的贡丝呢（图3-56），做出的成衣效果既有柔顺的垂感又比较细腻，刺绣流苏绣后更加精致（图3-57）。

图3-56　贡丝呢面料　　　图3-57　流苏绣效果

2. 样衣制作与问题修改

①第一版样衣，如图3-58、图3-59所示。第一版样衣存在的问题及修改建议：第一款，衣领高度过高，需要减掉2cm，前衣身外形线造型需要修正，以符合效果图款式造型，衣袖与衣身缝合点需要向上提2cm左右；第二款，衣领领面需加高形成堆堆领，交叉造型上移；第三款，裤子需增加门襟；第四款，上衣需加大褶量，半身裙需加大摆量；第五款，袖子需去掉抽褶。

图3-58　白坯样衣

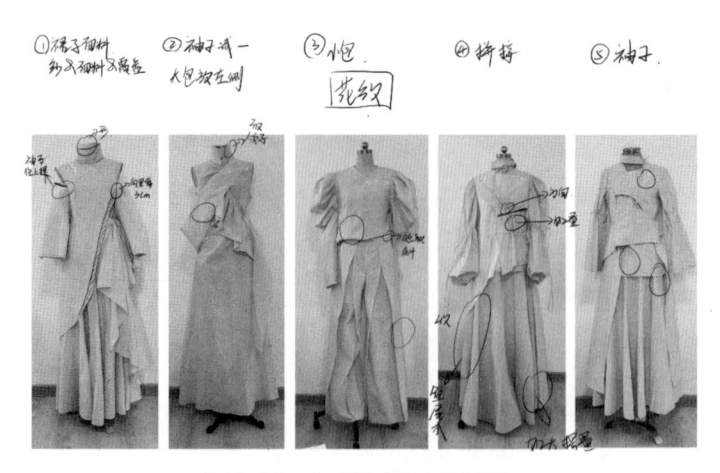

图3-59 白坯样衣存在的问题

②第二版样衣，如图3-60~图3-63所示。第二版样衣存在的问题及修改建议：第一款，调整衣领、衣袖、衣身的造型，加大半身裙褶量，以契合彩色效果图；第二款，荷叶褶加宽；第三款，羊腿袖褶量加大；第四款，上衣衣长加长，半身裙调整廓型，使其与效果图中的半身裙造型一致；第五款，袖子增加面料再造。

图3-60 基于第一版修改后的白坯样衣（正面）

图3-61 基于第一版修改后的白坯样衣（背面）

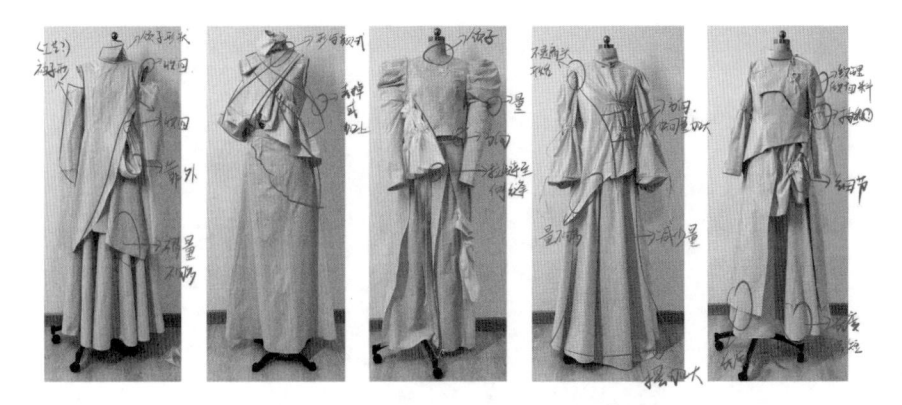

图3-62　第二版白坯样衣存在的问题（正面）

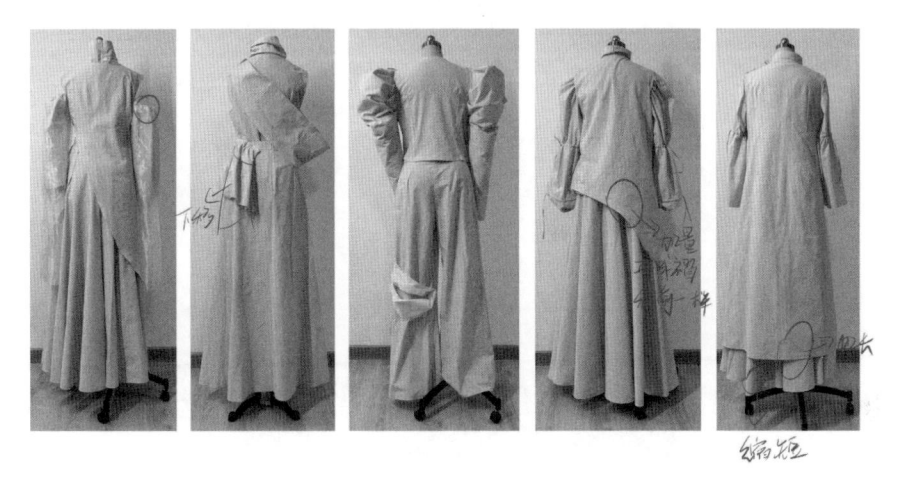

图3-63　第二版白坯样衣存在的问题（背面）

③第三版样衣，如图3-64~如图3-69所示。第三版样衣存在的问题及修改建议：第一款，衣袖边缘线需要包边处理；第二款，裙片前衣身分片裁剪；第四款，裙长加长；第五款，衣袖面料再造加强。

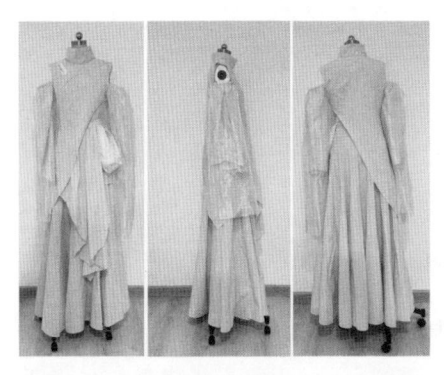

图3-64　修改后的白坯样衣1（三视图） 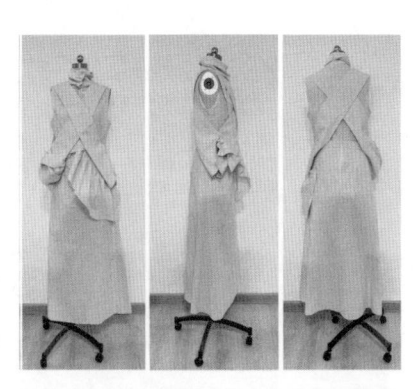　　图3-65　修改后的白坯样衣2（三视图）

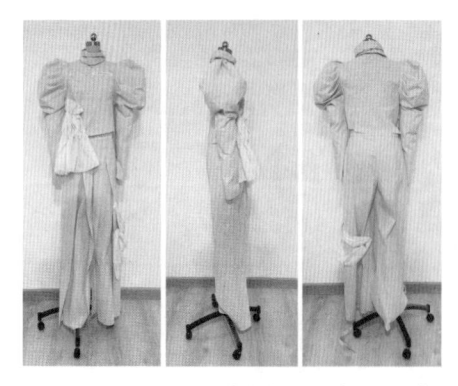

图3-66　修改后的白坯样衣3（三视图） 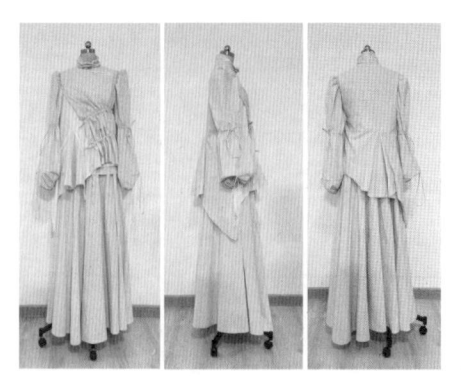　　图3-67　修改后的白坯样衣4（三视图）

图3-68　修改后的白坯样衣5（三视图）

图3-69　第三版白坯样衣存在的问题（正面）

④版型细节调整后的最终版样衣，如图3-70~图3-74所示。

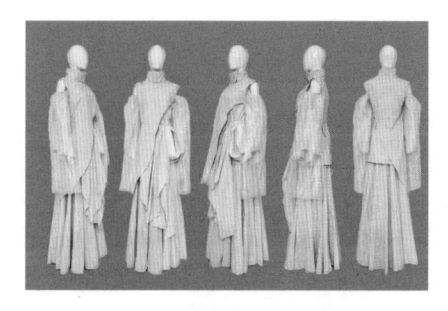

图3-70　最终确定的白坯样衣1

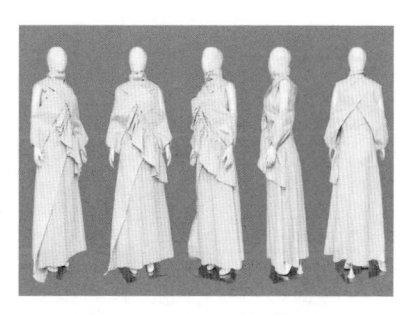

图3-71　最终确定的白坯样衣2

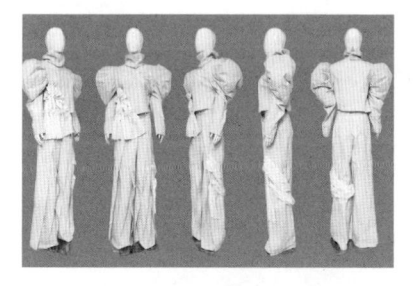

图3-72　最终确定的白坯样衣3

图3-73　最终确定的白坯样衣4

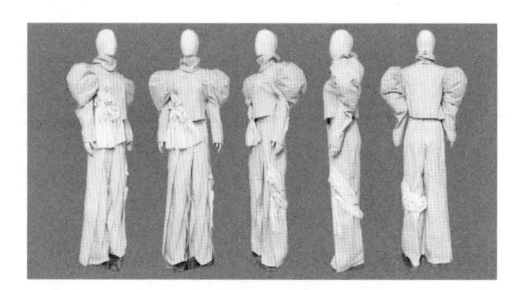

图3-74　最终确定的白坯样衣5

（五）成衣实现

最终成衣效果如图3-75所示。

图3-75　成衣效果

五、民族元素服装设计

（一）设计选题

设计选题源于音乐剧《阿拉善传奇》。其阐述的故事大意大致为巴丹王子与居延王妃为爱牺牲自我、战胜反派蜥蜴魔王，最终富有责任心的巴丹王子变为胡杨树，居延王妃也为了爱人牺牲自己化作居延海，继续为王子提供生命的甘露，以血肉之躯保护戈壁生态，以另一种方式陪伴着彼此。此故事以神话传说诠释阿拉善人文与自然的关系，将主角结局物化成阿拉善象征性文化符号，巧妙隐喻人与自然和谐相处，与破坏者作斗争，建设美好家园。

（二）设计主题

设计主题为"传奇"，系列设计通过对与破坏者作斗争的抽象表达，传递草原儿女坚韧不拔、勇往直前的品格，弘扬草原儿女英雄情结，呼吁人们时刻保持热爱，建立斗志昂扬的民族精神。

（三）设计过程

1.设计风格

细节上通过服装材料对比、服装工艺设计、服装结构设计等细节设计来体现民族风轻礼服格调。

2.元素提取与转化

主人公的正义、勇敢、坚韧不拔选用硬挺的面料诠释，磨难以褶皱、编织镂空元素表现，颠覆性的结局以不规则设计表达。草原英雄的大爱精神、宏伟气魄通过融入民族元素来体现。服装整体呈现坚毅的草原勇士铁肩担道义、捍卫民族精神的美感。

3.设计草图及款式定稿的彩色效果图，如图3-76~图3-84所示。

图3-76 设计草图1

图3-77 设计草图2

图3-78 设计草图3

图3-79　设计草图4

图3-80　设计草图5

图3-81　设计草图6

图3-82　设计草图7

图3-83　配色实验

图3-84　定稿彩色效果图

（四）样衣试制

白坯制作环节中出现的问题是服装比例不对、里外不协调、细节不对版等情况，白坯样衣如图3-85所示。注意：白坯制版问题，最终在成衣制作中加以改正、完善，成衣制作效果与效果图效果基本实现一致。

图3-85　白坯制作

（五）成衣实现

1. 工艺设计

运用蒙古族传统包边、埋线、钉珠等工艺，对服装进行精细化的制作，以此来展现轻礼服的精致程度和华丽的表现程度，如图3-86~图3-89所示。

图3-86　包边工艺　　图3-87　钉珠工艺　　图3-88　埋线工艺　　图3-89　编织工艺

2. 成衣效果

成衣效果如图3-90所示。

图3-90　成衣效果

六、工装元素服装设计

（一）设计选题

1. 设计选题的确定

阿拉善岩画涉及经济、历史、宗教、文化、军事、政治等元素，粗犷的线条和夸张的造型勾勒出一幅幅北方民族的历史篇章，它对于我们来说看似是一块块冰冷的石头，而实则是能与古人对话的"媒介"，它是带有温度的标记，也是远古北方游牧民族智慧的结晶。如何将一幅幅生动的民族岩画历史画卷在服装设计中体现出来是值得探究的问题。

2. 设计选题背景

中国岩画距今已有三万多年的历史。根据地域不同、生活习性不同及当时人们生活的自然环境不同，岩画大致可以分为岩刻和岩绘两种制作方法，四川、云南、广东、广西等地岩画多用岩绘的制作工艺，其他地方如内蒙古、黑龙江等北方地区岩画多用岩刻为主。采用何种制作方式取决于当地人们的生活方式。根据内容、风格、题材的不同，中国岩画可分为4类：以岩绘为主的四川、云南、广东、广西一类，以岩刻为主的江苏、福建、台湾一类，以岩刻为主的青海、西藏一类，以岩刻为主的黑龙江、内蒙古、宁夏一类。

本设计选取了以岩刻为主要制作方式的阿拉善岩画为设计表达对象，这一类岩画记载了远古北方游牧民族的社会活动，是人们除去文字记载历史的另一种形式，对于现代史学家研究历史具有很重要的参考意义。到目前为止，阿拉善岩画共发现了五万多组，全阿拉善盟目前已发现阿拉善岩画群有114处。

3. 设计选题意义

一是通过服装设计语言对古老文化岩画进行抽象表达，传递要合理利用古人留下的智慧结晶的理念，同时让古老的文明可以以一种新的形象出现在大众的视野，与现代社会紧密相连，达到更好地传承发扬文化的目的。二是在服装中展现历史的变迁，探究不同历史时期人们对岩画内容的不同表达。

4. 设计选题调研

（1）阿拉善岩画按分布区域分类

按分布区域来看，包括雅布赖山、曼德拉山、龙首山、阿拉善左旗等，其中曼德拉山为主要阿拉善岩画发现区域。

（2）阿拉善岩画按年代分类

在旧石器时代，人类深知自己的渺小，想要与自然对抗，想通过自己的意志征服自然的信仰。这一时期的岩画为手型模印岩画，原始人类认为将手赋予自己强大的意志就可以实现自己的诉求，使自己可以控制周围一切。

新石器时代，社会生产进步，农业逐渐发展起来，岩画在之前的功用上加入宗教祭祀的作用，通过将神灵刻在岩石上祈求神灵的庇护。例如人面像、兽面像等，这些通过一定想象力创造出来的产物有着类似人一样的样貌，却是被加工过的形象，抽象化的脸给当时的人们带来了一定的心理慰藉，随之有着管理社会的功用。

进入青铜时代后，岩画中部分加入与青铜器有关的元素。阿拉善岩画内容逐渐向描绘当时人们的现实活动发展，并且有关于宗教内容的画作也依然存在。

秦汉到宋期间，阿拉善作为中原抵御外敌的前沿阵地，出现了很多表现战事的图案，还有大量的表现骑乘射猎等活动的题材。此外，西夏时期阿拉善地区为西夏的腹地，岩画中出现了许多关于西夏时期的佛塔、服饰、生活等图案，北方民族日常生活涉猎骑射等场景也在岩画中体现出来，岩画中的人面像有双旋日纹等绘画特点。

（3）阿拉善岩画按岩画内容分类

阿拉善岩画中的动物具有区别于其他地区岩画动物的地域特色，其中不止有当地常见的白山羊（图3-91）、骆驼（图3-92）、马、驴、盘羊、家犬、蛇、鹰、飞鸟等动物，还有比较不常见的赤鹿、野马、老虎、豹子、野牛、白唇鹿等动物的出现。

图3-91　阿拉善岩画——羊　　　　图3-92　阿拉善岩画——骆驼

（二）设计主题

主题为"生符"，旨在将阿拉善岩画的历史文化在服装中展现出来，让服装也可以传承历史，讲述历史。

（三）设计过程

1. 设计构想

将阿拉善岩画内容提取出来，设计出颇具现代感的岩画图案，运用于服装面料中。

2. 设计风格

通过对工装风格再设计，打造一场远古与当代的对话。

3. 元素提取与转化

提取出每个时期象征性岩画纹样，进行描摹、设计转化，如图3-93~图3-95所示。

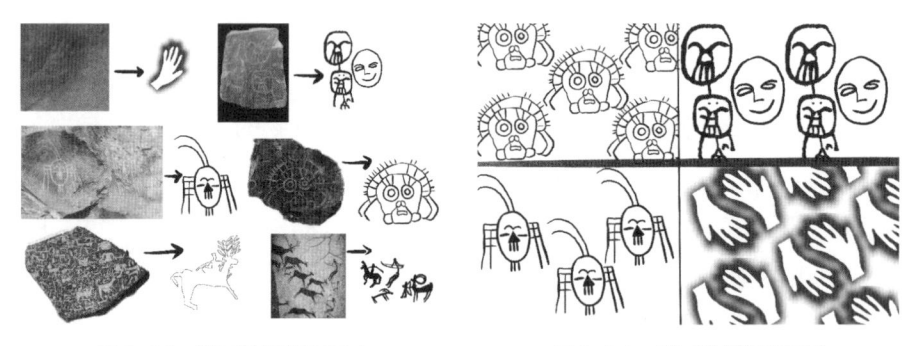

图3-93　岩画纹样提取图1

图3-94　岩画纹样提取图2

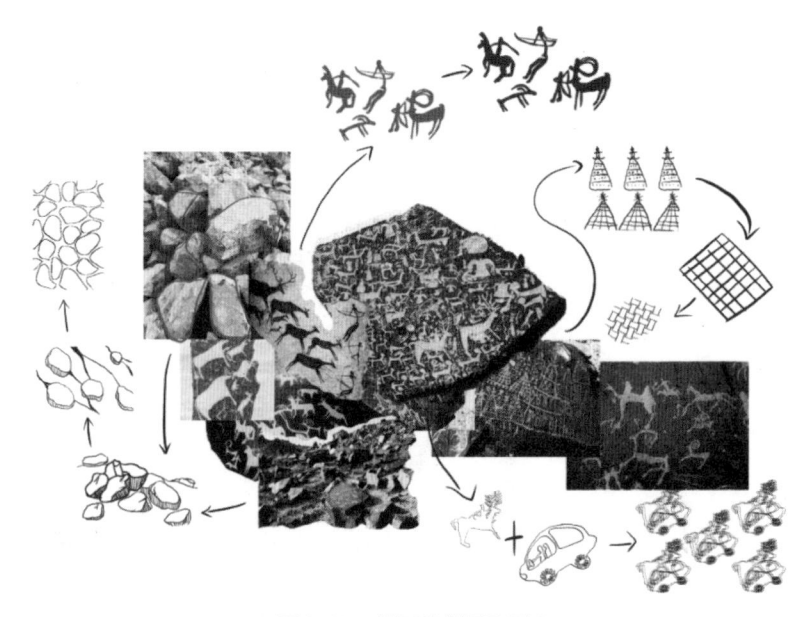

图3-95　岩画纹样提取图3

4.服装设计要素设计

服装整体强调宽松大廓型设计。男女皆可穿,打破常规服装造型。服装色彩参考阿拉善岩画本色及周围环境色,整体服装色调偏灰暗,呈现出具有石质效果的工装风。多口袋设计,对应"岩画"中"岩石"错落有致的外形。

5.设计草图、定稿试色及最终定稿

设计草图、定稿试色及最终定稿如图3-96~图3-107所示。

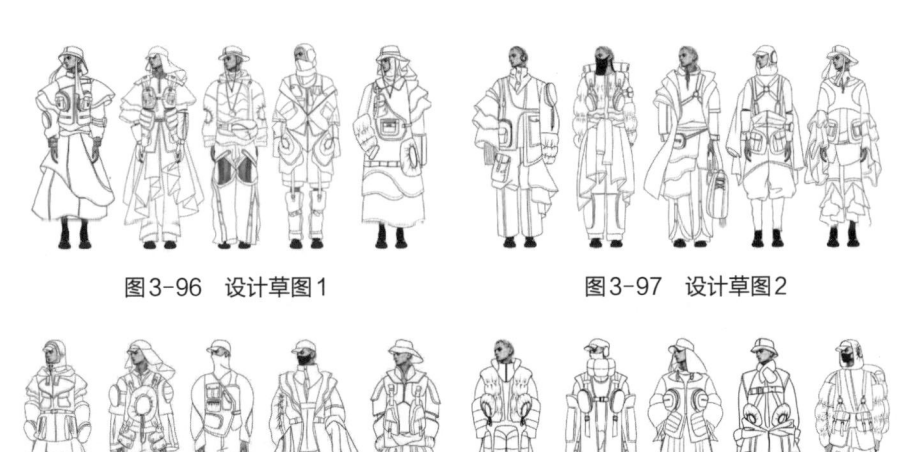

图3-96 设计草图1　　　　图3-97 设计草图2

图3-98 设计草图3

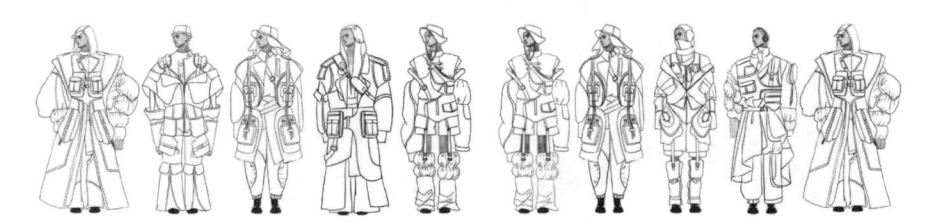

图3-99 设计草图4

图3-100 定稿着色效果1　　　　图3-101 定稿着色效果2

图3-102　定稿着色效果3

图3-103　定稿着色效果4

图3-104　定稿着色效果5

图3-105　定稿着色效果6

图3-106　定稿着色效果7

图3-107　最终定稿彩色效果图

（四）样衣试制

在服装样衣试制过程中遇到了诸多困难，其中如何让袖子呈现出图中错落有致的填棉效果是主要需要解决的问题，最终为了达到最好的效果，选择在袖子凸起部分加入蓬松棉减轻袖子重量的同时可以更好地塑形。白坯样衣如图3-108~图3-112所示。

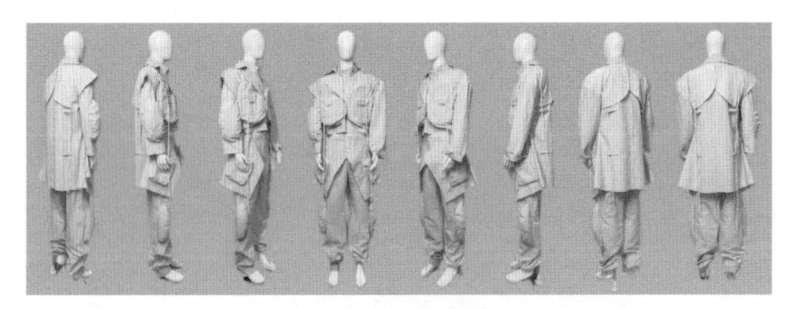

图3-108　样衣多角度展示1

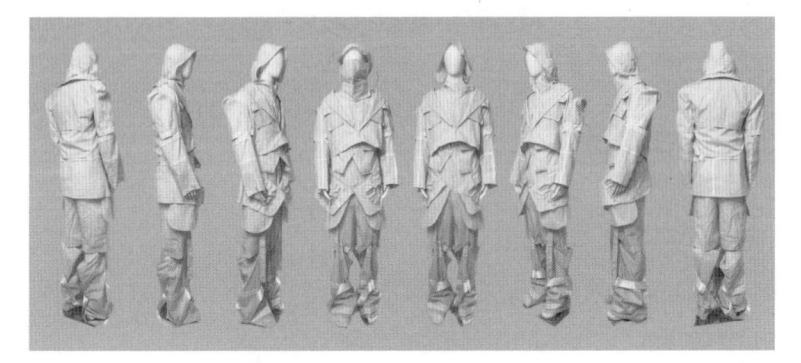

图3-109　样衣多角度展示2

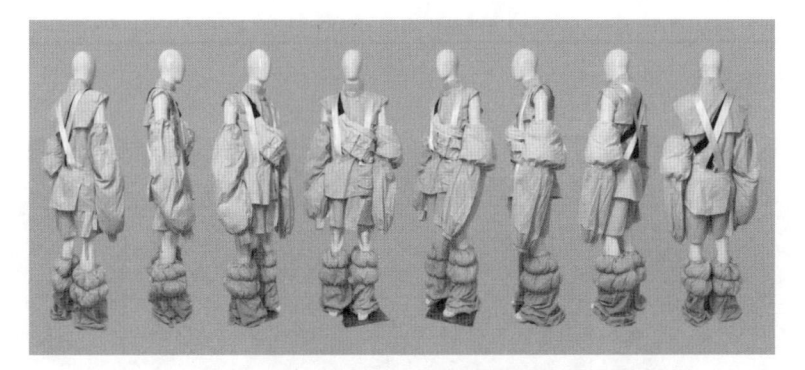

图3-110　样衣多角度展示3

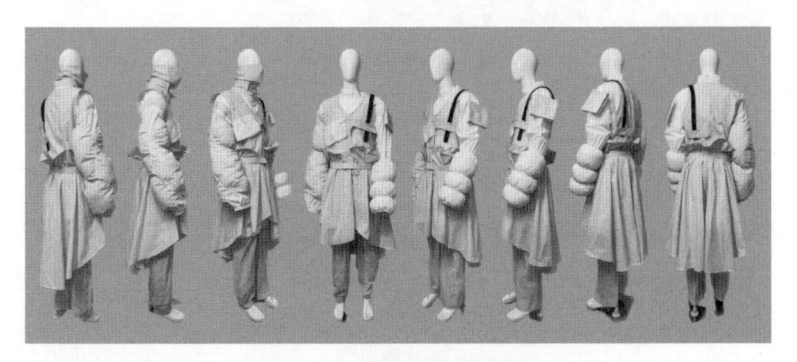

图3-111　样衣多角度展示4

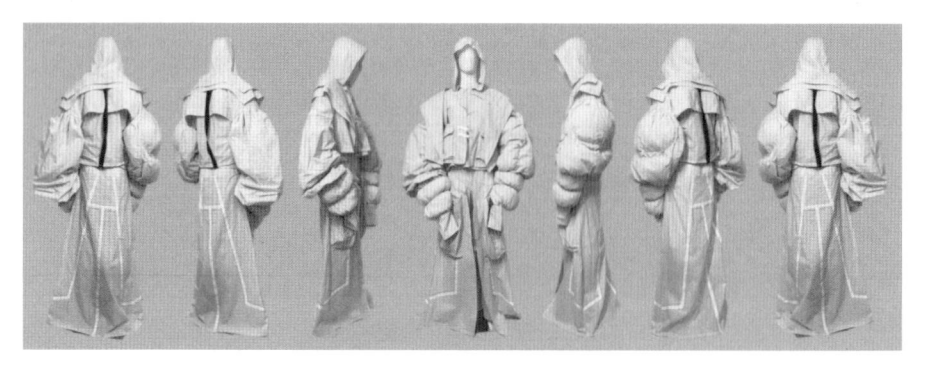

图3-112 样衣多角度展示5

（五）成衣实现

1. 面料选择

面料选用较为光滑的皮质面料和风衣面料，以更好地塑造立体造型，达到理想的设计效果。

2. 工艺设计

加入反光包边条，使服装更加富有机能科技感；服装的多口袋设计兼具功能性和美观性（图3-113）。

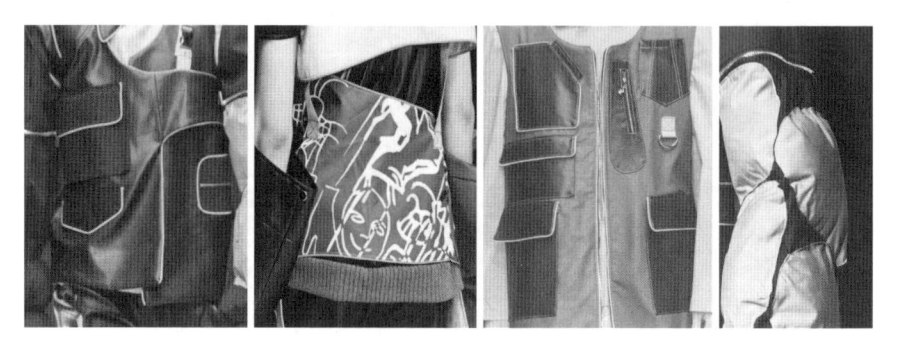

图3-113 工艺细节

3. 成衣制作过程中遇到的问题

服装中印花的部分需要追色，经过在电脑反复调色实验，最终得到理想的效果，如图3-114所示。服装在制作过程中遇到服装造型偏大或偏小的问题，经过反复在人台调试、对比、裁剪，最终得到较为满意的成品，如图3-115所示。

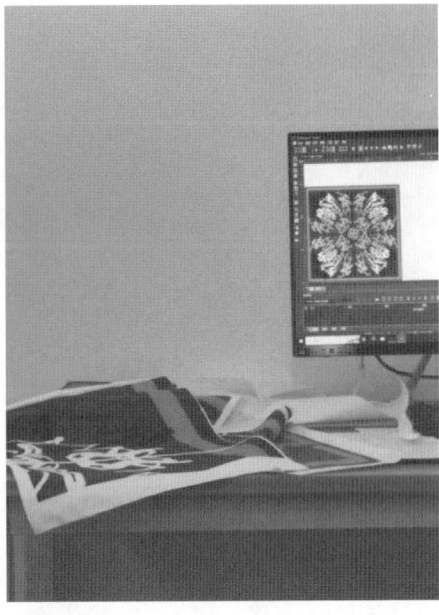

图3-114　印花制作

图3-115　成衣效果（部分）

PART

04

第四章

服装设计
个案

第一节

服装款式自主设计个案

随着我国创意产业的持续发展、人们可支配收入的不断提升及衣柜里的衣服越来越多的情形下，人们越来越不满足于传统标准化的服装，而是渴望选择个性化的服装穿搭，因此，服装款式设计创新十分必要。服装款式设计创新可从服装局部入手，如图4-1~图4-16所示。

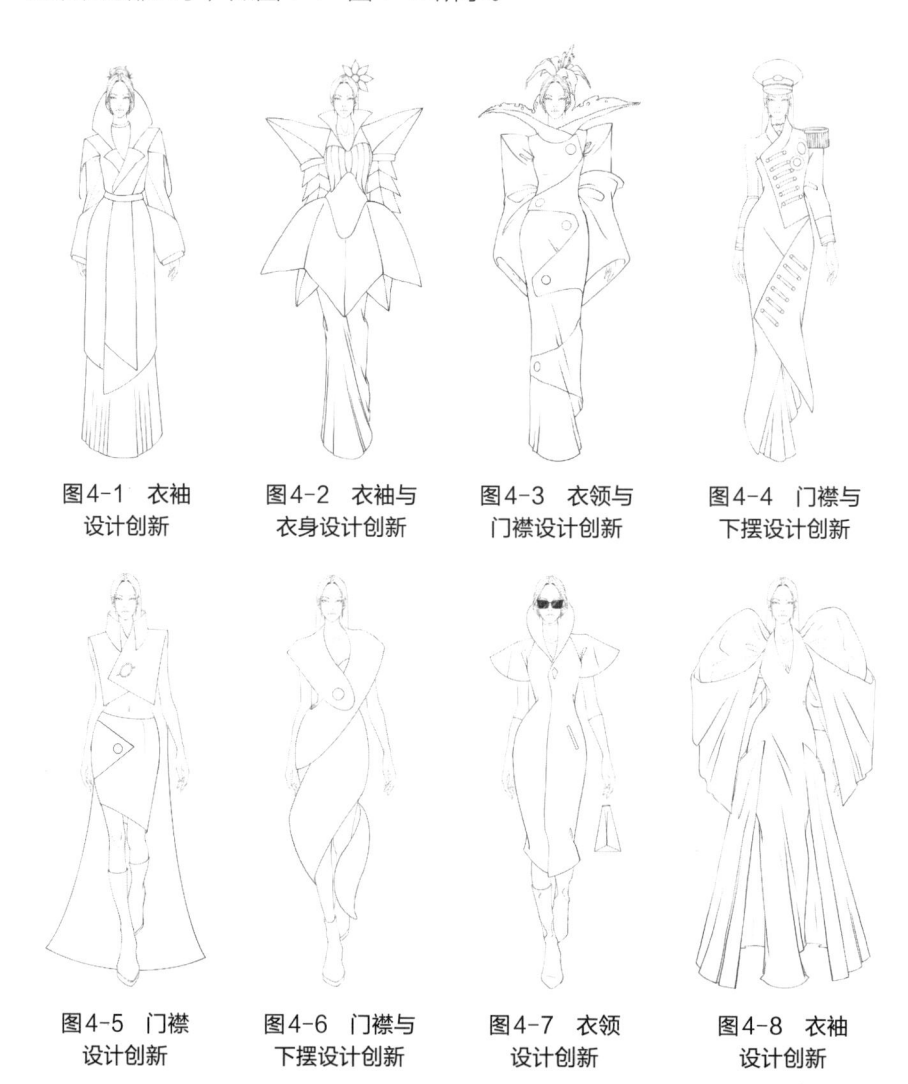

图4-1 衣袖设计创新

图4-2 衣袖与衣身设计创新

图4-3 衣领与门襟设计创新

图4-4 门襟与下摆设计创新

图4-5 门襟设计创新

图4-6 门襟与下摆设计创新

图4-7 衣领设计创新

图4-8 衣袖设计创新

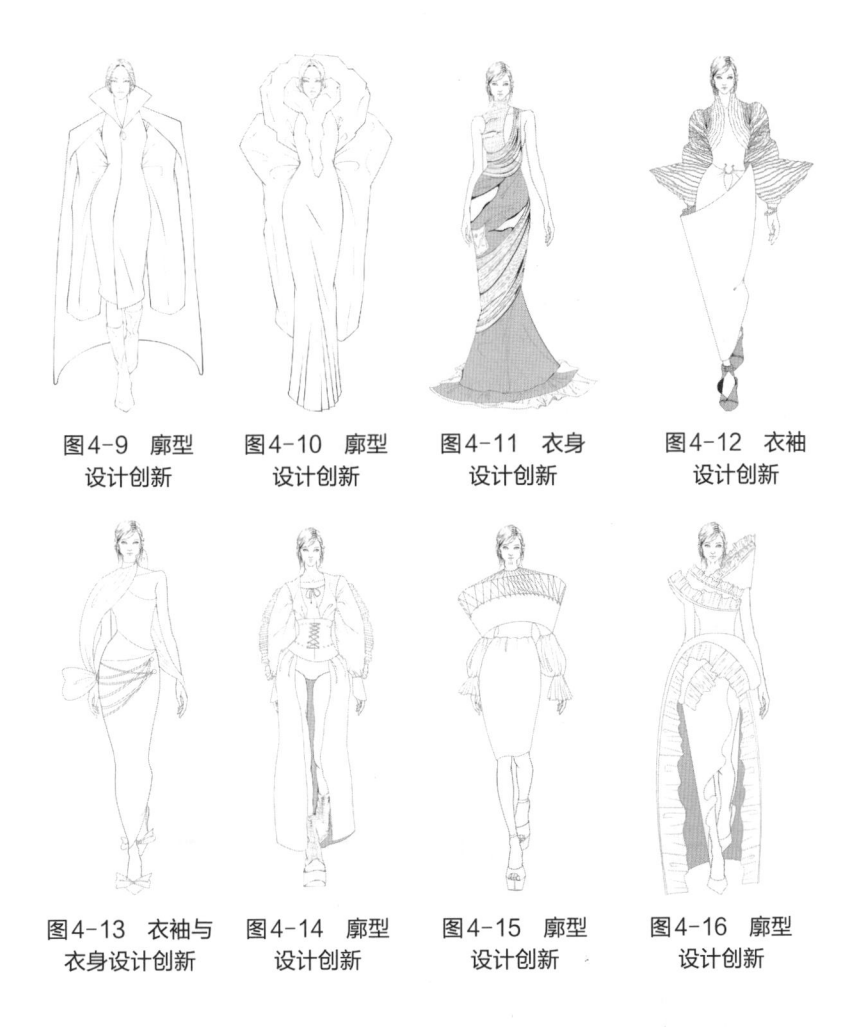

图4-9 廓型设计创新　　图4-10 廓型设计创新　　图4-11 衣身设计创新　　图4-12 衣袖设计创新

图4-13 衣袖与衣身设计创新　　图4-14 廓型设计创新　　图4-15 廓型设计创新　　图4-16 廓型设计创新

第二节

服装系列自主设计个案

一、URBAN TRAVEL

此系列服装的设计理念是新一代女性消费者具有强烈的探索精神，仅有简单御寒功能的羽绒服已经不能满足她们的需求，她们开始追求前沿的设计，追求时尚、保暖与文化的完美融合。为满足新一代时尚都市女性对保暖、时尚、文化融合的追求，契合都市休闲、户外运动、旅游探险多场景多功能需求，创作出系列民族风格时尚羽绒服。设计效果图和成衣效果如图4-17、图4-18所示。

图4-17　设计效果图

（a）　　　　　　　（b）　　　　　　　（c）

（d）　　　　　　　（e）

图4-18　成衣效果图

系列设计以白色为主打色，深灰色和浅灰色为辅助色，色彩设计简洁、明快；采用短款、中长款、长款及其不同衣长的层次呈现，体现节奏感；多样的单品设计，增添系列整体丰富性；绗缝线迹设计，使该系列羽绒服更具细节；贴边、滚边及盘扣等民族服饰元素的运用，营造出系列服装的地域化视觉感。

二、青水

此系列服装的设计理念是将察哈尔蒙古族传统服装的平面化与现代立体思维的融合作为设计方法，结合察哈尔蒙古族传统服装细节元素及紫色同色系设计和羽绒填充，整体打造时尚前卫又具民族感的造型。设计效果和成衣效果如图4-19、图4-20所示。

图4-19 设计效果图

(a) (b) (c) (d) (e)

图4-20 成衣效果图

紫色神秘、富有力量；经绗缝形成的肌理，结合编织细节，呈现出设计者缜密的思考力；盘扣、贴边及绲边元素融入X、A廓型中，极富感染力。

三、Bitgii Asuu

此系列服装的设计理念是无论潮流怎样变化,牛仔都是必不可缺失的,个性的牛仔风靡多年,在人们心中依旧是不老的存在,它可模糊性别与年龄。在时尚大片中,它丝毫不逊色于其他单品,完美地彰显出穿着者的个性。将民族文化与牛仔潮流服饰相结合,传播发扬民族文化。设计效果和成衣效果如图4-21、图4-22所示。

(a)正面

(b)背面

图4-21 设计效果图

(a) (b) (c)

(d)　　　　　　　　　　(e)

图4-22　成衣效果图

牛仔面料在日常生活中司空见惯，是人们较为熟悉的面料。因此，将牛仔面料设计出时尚感，需要设计者具备一定的设计功底。宽松廓型是此系列设计重点，也是打造时尚感的主要手段，用来展现出女性的洒脱、率性；局部点缀明线，呈现精致的细节处理，打破牛仔面料的视觉疲劳感。

四、守卫

此系列服装的设计理念是从察哈尔蒙古族传统服饰中提取水路、门襟、贴边等元素用于设计中，使服装具有一定的民族特色。并以中世纪骑士服装作为灵感来源，提取其元素。将传统的民族元素与骑士服装元素一同应用于流行的服装中，传统与时尚、东方与西方相结合，使民族元素焕发新的活力。设计效果和成衣效果如图4-23、图4-24所示。

图4-23　设计效果图

(a) (b) (c)

(d) (e)

图4-24　成衣效果图

流畅的裁剪，率性富有细节；融入立领、盘扣、镶边、绲边等民族服饰元素，通过将立体衣袖、开衩等细节运用于长袍中，体现出平面设计与立体设计的融合，打破常规的设计思路，带来不一样的视觉体验。

五、自我

近年国潮时尚风兴起，各种民族元素纷纷被设计者融入设计之中，年轻人也越发追捧传统与现代结合的潮流风尚。

此系列服装的设计理念是在纷乱的生活中追求自我，寻找独特的自己。提取朋克服装元素融入主题，做平淡生活中的"反叛者"。将传统元素融入日常生活，创作出不同于大众的自我。注重传统文化，兼顾潮流，展现每个人的独特性；不甘平庸，认识新奇的自我。设计效果和成衣效果如图4-25、图4-26所示。

图4-25　设计效果图

（a）　　　　（b）　　　　（c）

（d）　　　　（e）

图4-26　成衣效果图

红色充满活力，感情色彩饱满，与白色、黑色相结合，展现强烈的视觉冲击，用色彩强对比突出主题。

六、和光同尘

蒙古族察哈尔部服饰受到蒙古族宫廷文化的熏染，形成了典雅、高贵、庄重的宫廷特点。而同样处于宫廷风格的维多利亚风格时期的服饰风格也是十分的精美华贵，以此为切入点，尝试进行中西融合。

此系列服装的设计理念是传承与弘扬传统民族文化，将热爱民族文化表现到日常穿着中的女性的需求。受众人群为25~35岁对时尚有独特见解而又喜爱民族文化的有一定收入及经济能力的女性。她们喜爱穿着有设计感但不浮夸的服饰，对舒适度的追求日益增加。在消费需求倾向上，不仅对物质商品要求标准高，同时对精神享受也有较高的追求。可适合于聚会、非正式场合及日常通勤穿着。设计效果和成衣效果如图4-27、图4-28所示。

图4-27　设计效果图

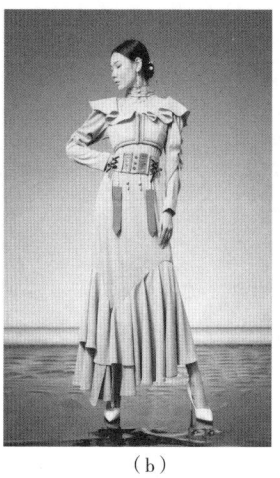

（a）　　　　　　　　　　（b）　　　　　　　　　　（c）

（d） （e）

图4-28　成衣效果图

通过色块拼接碰撞出有趣的混搭外观。大胆使用黄绿色搭配，及低纯度的色彩使用，充分彰显设计者对色彩的驾驭能力。

七、随行者

内蒙古鄂尔多斯市拥有壮丽秀美的自然景观和民族风情。鄂尔多斯市所辖库布齐沙漠是中国第七大沙漠。"库布齐"为蒙古语，意思是"弓上的弦"。以沙漠做品牌活动历史悠久，很多汽车品牌、家装品牌、服装品牌等都会把品牌文化和精神与沙漠融合，让服装在大自然的环境中汲取生命，使自然环境以服装为载体而呐喊。

此系列服装的设计理念是通过款式造型、面料再造、图案设计等设计手法，呈现库布齐沙漠地貌形态及肌理样貌。将内蒙古传统服饰与现代时尚结合，传承并发扬民族文化。低调的大地色与植物绿色融合，契合此系列（沙漠色＋绿色植被）的灵感出发点。设计效果和配饰及成衣效果如图4-29、图4-30所示。

图4-29 设计效果图

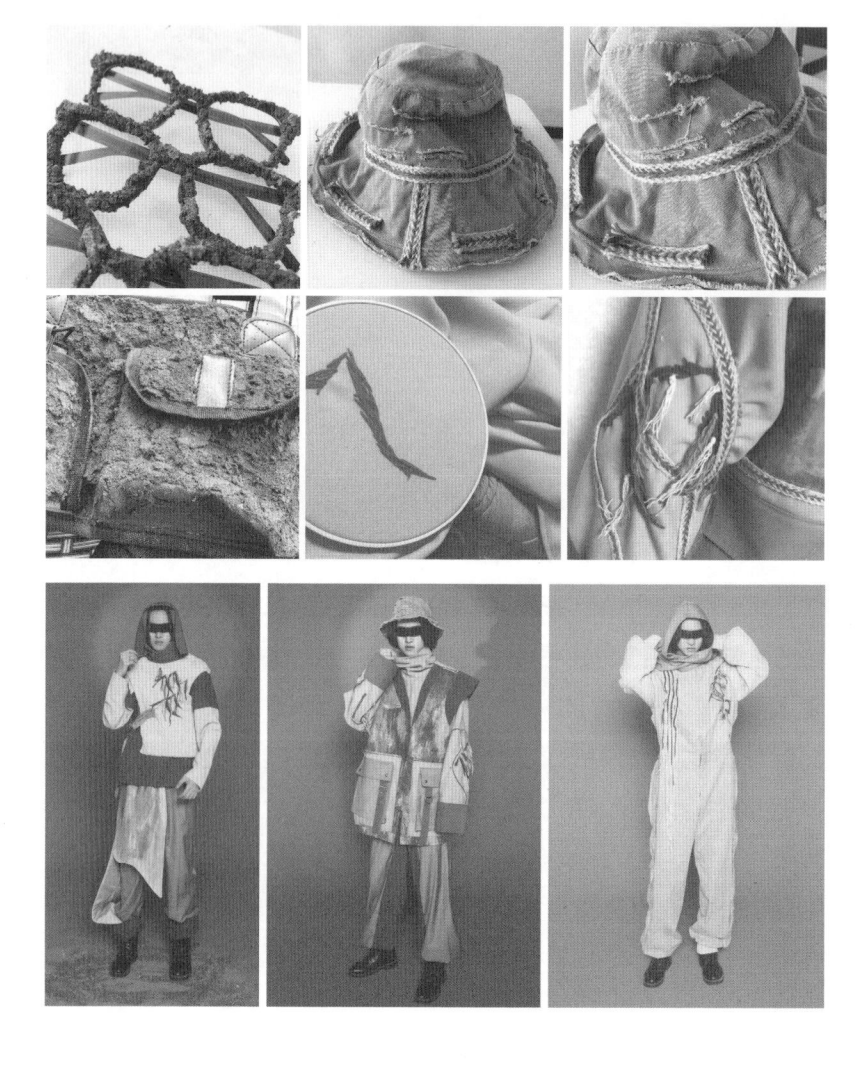

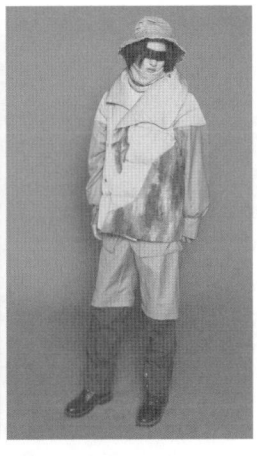

图 4-30　配饰及成衣效果图

局部融入民族服饰元素，如侧襟、盘扣、掐线，结合工装标志性部件口袋及现代单品棉袄、马甲、套装等，设计出具有民族元素的现代男装，为现代服装设计创新提供更多可能性。

八、青铜·鹿语

此系列服装的设计理念是鹿在北方游牧民族中内涵丰富，可表达出北方女性的独特之美，希望通过"青铜·鹿语"系列设计，使现代女性更自信、优雅。设计效果和配饰及成衣效果如图 4-31、图 4-32 所示。

图 4-31　设计效果图

（a）　　　　　　　　　　　　（b）

（c）　　　　　　　（d）　　　　　　　（e）

图 4-32　成衣效果图

  细节设计源于青铜器鹿角的形态，提取其粗壮、写意的特点，经设计变形，应用于服装的边缘、衣身、零部件等构成要素中，既有面状的图形表达，也有线状的图形呈现，更有对鹿角的变化设计及将其融入服装的创新思考。

  廓型的坚挺、饱满、宽大，与女装中常用的体现女性气质的X廓型相对，不过度强调女性的腰身，宽肩设计强调了女性独立、干练、自信、不畏艰险的内在品质感，与主题立意相契合。

九、融

  此系列服装的设计理念是对职场女装的款式、色彩、面料、图案进行设计，设计定位于职场春秋休闲装，在服装功能方面，以有利于职场女性工作又不失美观为原则，款式注重设计创新，可拆卸设计不仅具有一衣多穿的效果，还能满足人们的消费需求，朝外的设计不仅是对衣片拼接处的装饰，也使服装细节更加精致。成衣效果如图4-33所示。

（a）　　　　（b）　　　　（c）　　　　（d）

图4-33　成衣效果图

十、源

此系列服装的设计理念是提取水波形状，应用于服装局部进行造型设计；运用牛仔面料再造出水波形态，赋予服装以细节；利用拉链调节开口，强调功能性设计。成衣效果如图4-34所示。

（a）　　　　（b）　　　　（c）　　　　（d）

图4-34　成衣效果图

十一、逆向未来

此系列服装的设计理念是通过对维多利亚时期的复古廓型的创新借鉴，体现一种浪漫的未来感。以复古未来主义为线索，充满复古风格的浪漫主义廓型搭配光泽感银色面料，一反浪漫主义风格在人们心中的刻板印象。复古与未来的融合，缅怀过去的同时也紧跟时代的步伐，创造出当代多样、勇于创新的女性形象。设计效果和成衣效果如图4-35、图4-36所示。

图4-35 设计效果图

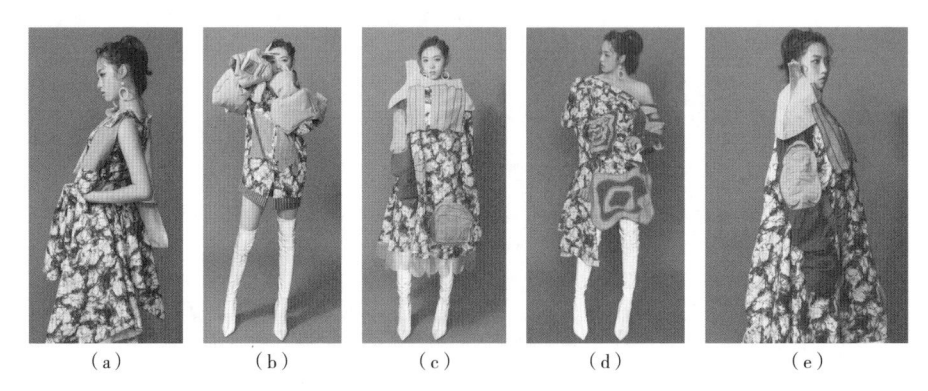

(a) (b) (c) (d) (e)

图4-36 成衣效果图

十二、无恙

此系列服装的设计理念是由感冒联想到药物、医院、医疗器械等，以此为灵感，通过做一些非常规的尝试，呼吁人们平时要注重健康，多注意防护。设计效果和成衣效果如图4-37、图4-38所示。

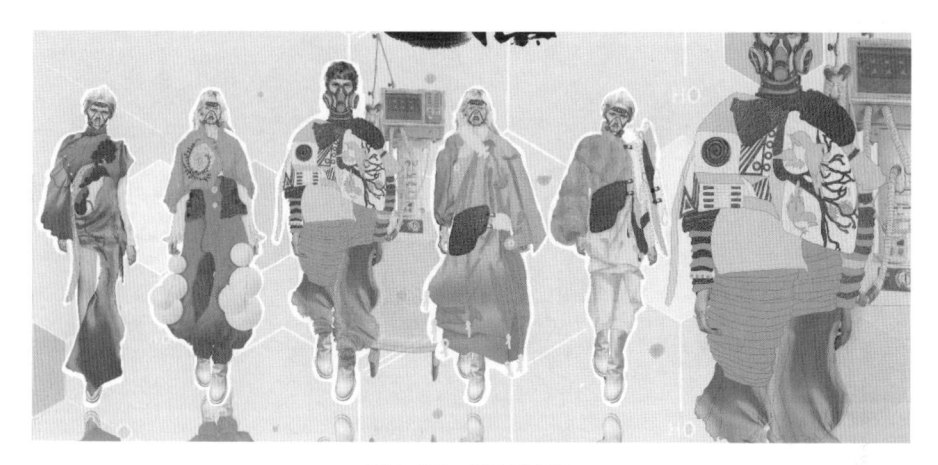

图4-37 设计效果图

图4-38 成衣效果图

十三、落拓之境

此系列服装的设计理念是以民族团结、民族发展为切入点，从阿拉善盟历史文化中选取"土尔扈特部万里东归"主题，积极弘扬民族团结精神，传承阿拉善部落精神。在款式设计上，以土尔扈特部传统服装款式为基础融合流行趋势款式元素，在时尚流行的前提下也不丢失民族传统特色。在色彩设计上，区分主色和辅色以及点缀色，使服装效果既和谐又各有不同，相互辉映做到统一。设计效果和成衣效果如图4-39、图4-40所示。

图4-39 设计效果图

图4-40 成衣效果图

十四、大漠·星途

此系列服装的设计理念是通过服装设计语言，以求同存异的方式来修补心灵，传递草原文化及热爱自然、勇于担当的勇气，甘于奉献的豪气，恒于坚持的底气。警醒人们时刻保持保护沙漠的意识。宣传治沙精神，呼吁人们重视治沙，弘扬中华美德。从局部出发，运用材料再造手法对面料加以多处镂空，在镂空的面料上钉珠。黄色代表了治沙的希望。分层设计是为了表现治沙工作中自我保护的现象。白色镭射面料可以反射出炫彩的光芒，表现治沙工作者在重重困难下仍然拥有纯洁的心灵与伟大的理想抱负。成衣效果如图4-41所示。

图4-41 成衣效果图

参考文献

[1]陈彬. 时装设计风格[M]. 2版. 上海：东华大学出版社，2016.

[2]袁大鹏. 服装创新设计：思维与实践[M]. 北京：中国纺织出版社，2019.

[3]张玲. 服装设计：美国课堂教学实录[M]. 北京：中国纺织出版社，2011.

[4]沈从文. 中国古代服饰研究[M]. 上海：商务印书馆，2011.

[5]肖劲蓉，严琴. 服装创新设计与实践1[M]. 北京：中国纺织出版社，2021.

附录

一、衣领设计（附图1~附图11）

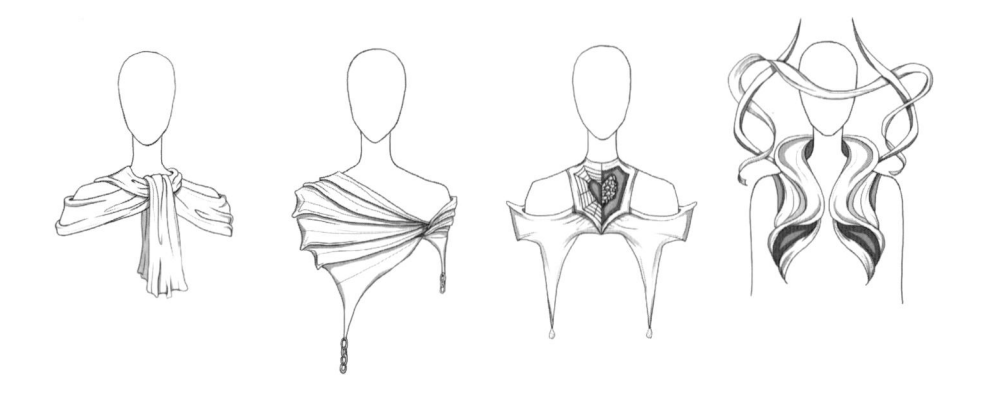

附图1　无领设计1

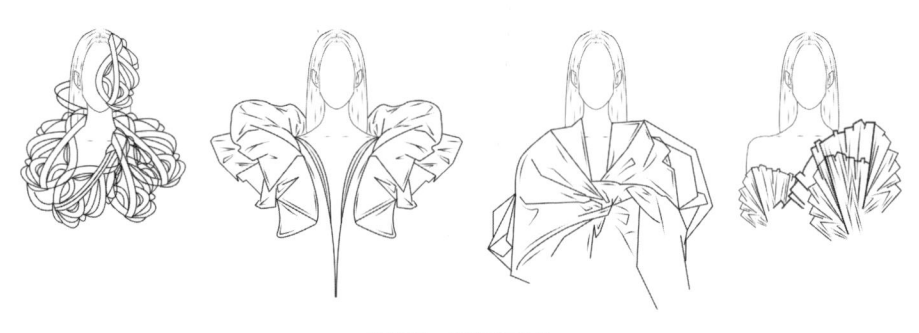

附图2　无领设计2

附图3　无领设计3

附图4　立领设计1

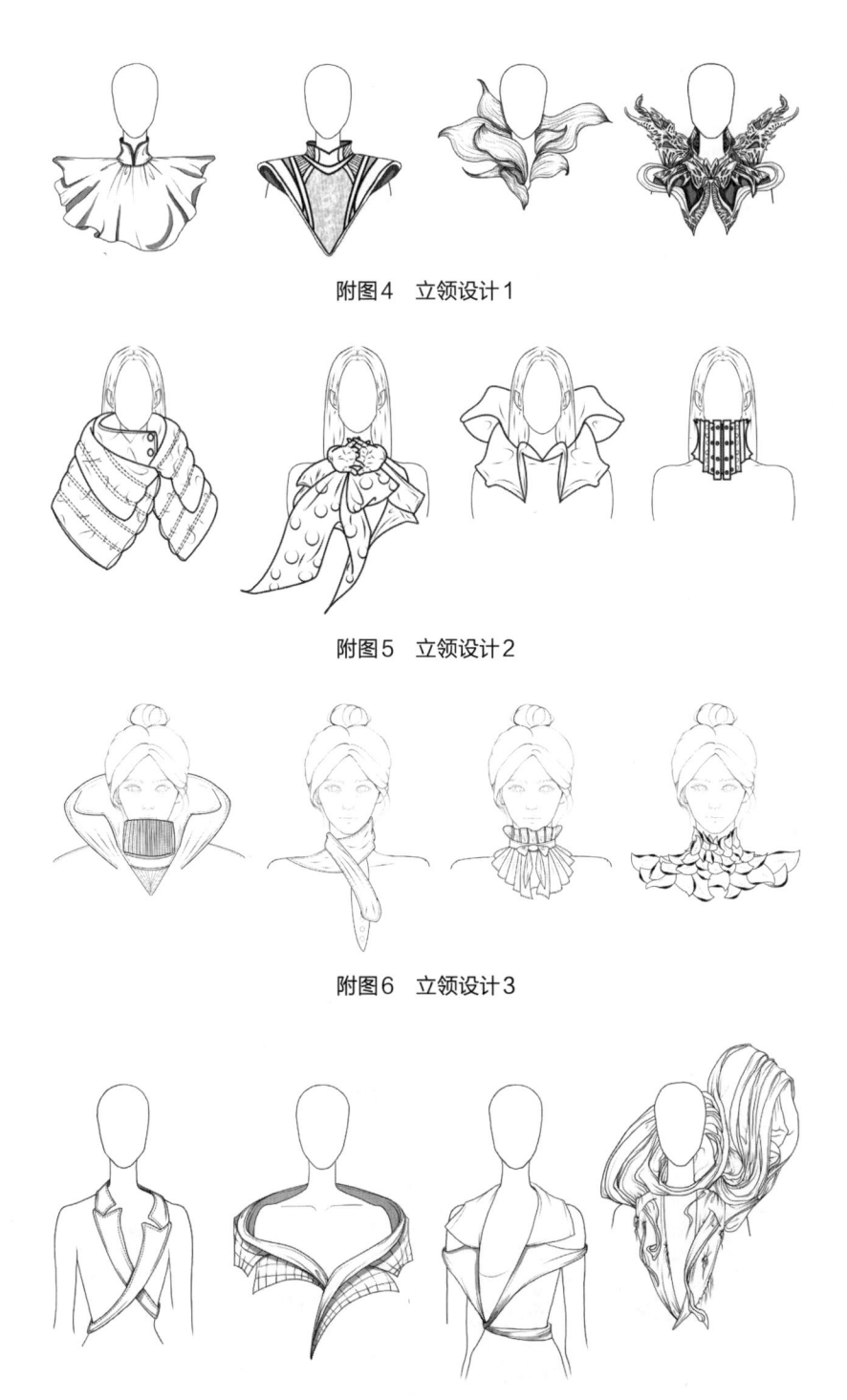

附图5　立领设计2

附图6　立领设计3

附图7　西装领设计1

附图8　西装领设计2

附图9　翻领设计1

附图10　翻领设计2

附图11　翻领设计3

二、衣袖设计（附图12~附图31）

附图12　无袖设计1

附图13　无袖设计2

附图14　无袖设计3

附图15　无袖设计4

附图16　无袖设计5

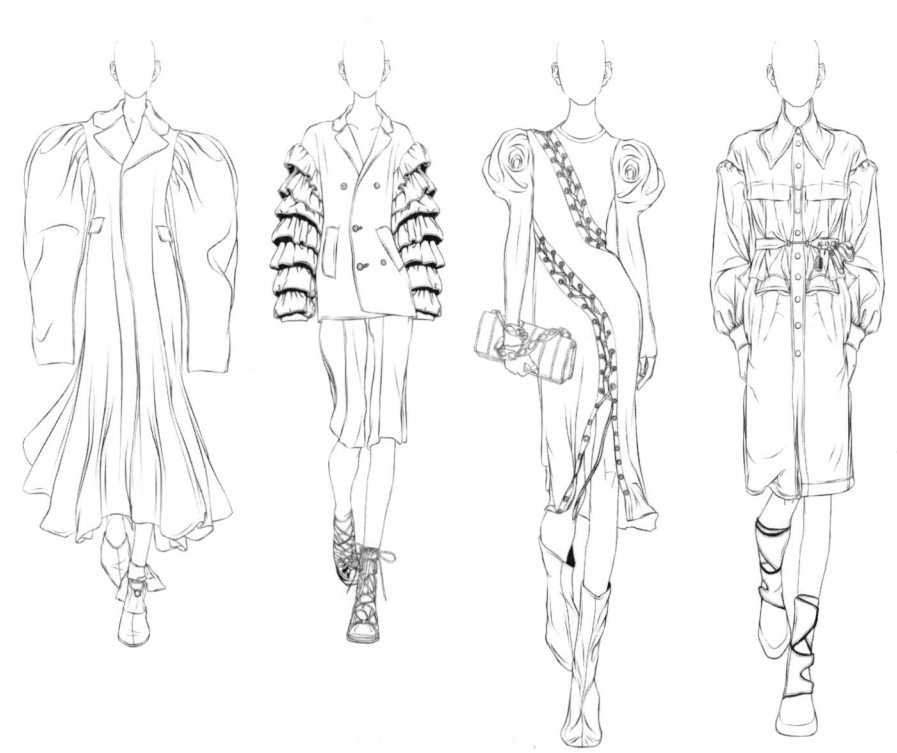

附图17　装袖设计1

附图 18　装袖设计 2

附图 19　装袖设计 3

附录 157

附图20 装袖设计4

附图21 装袖设计5

附图22　插肩袖设计1

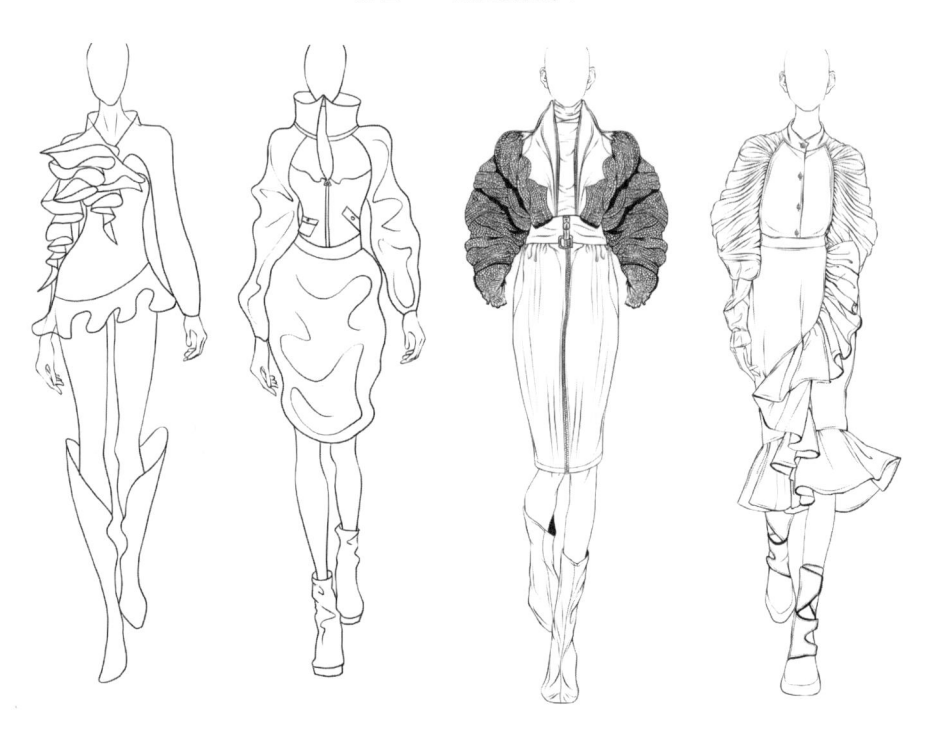

附图23　插肩袖设计2

附图24　插肩袖设计3

附图25　插肩袖设计4

附图26　插肩袖设计5

附图27　连衣袖设计1

附图28　连衣袖设计2

附图29　连衣袖设计3

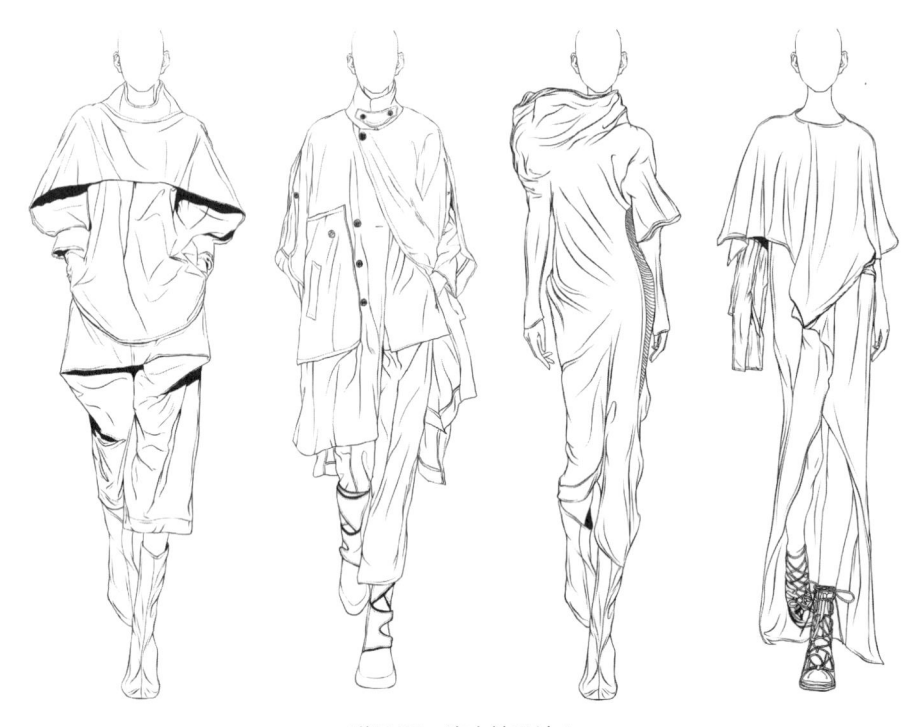

附图30　连衣袖设计4

附图31　连衣袖设计5

三、门襟设计（附图32～附图36）

附图32　门襟设计1

附图33　门襟设计2

附图34　门襟设计3

附图35　门襟设计4

附图36　门襟设计5

四、廓型设计（附图37~附图44）

附图37　廓型设计1

附图38　廓型设计2

附图39　廓型设计3

附图40　廓型设计4

附图41　廓型设计5

附图42　廓型设计6

附图43　廓型设计7

附图44　廓型设计8

五、口袋设计（附图45~附图48）

附图45　口袋设计1

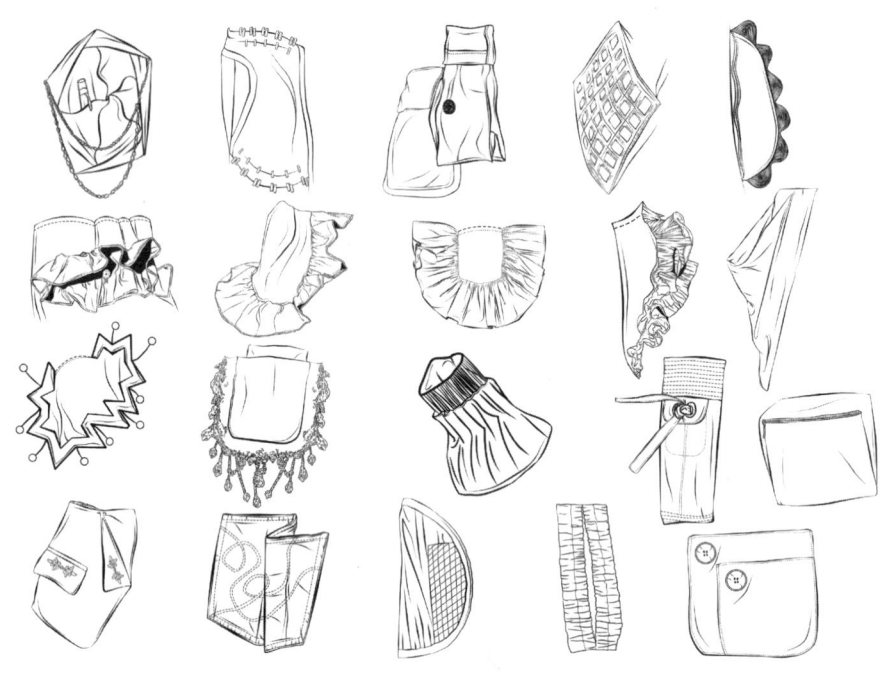

附图46　口袋设计2

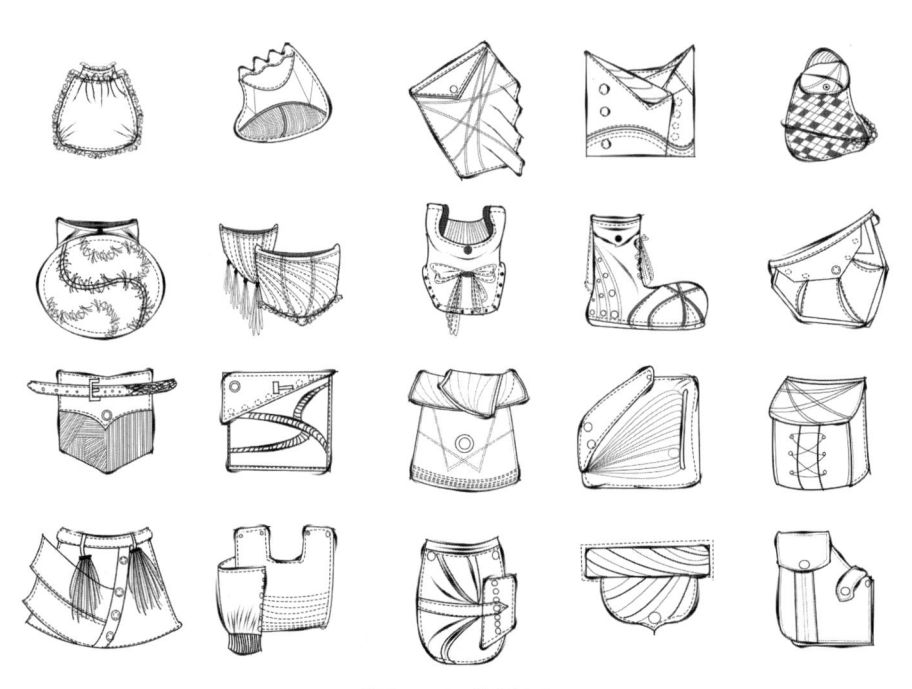

附图47　口袋设计3

附图48　口袋设计4

六、系列设计（附图49~附图54）

附图49　系列设计1

附图50　系列设计2

附图51　系列设计3

附图52　系列设计4

附图53　系列设计5

附图54　系列设计6